国家职业教育专业教学资源库"精细化工技术·民族化工文化"（教职成司函〔2019〕26号）配套教材

江苏省哲学社会科学界联合会、江苏省人才工作领导小组办公室社科应用研究精品工程课题
《南京江北新区新兴产业发展与高技能人才培养研究》（16SRB-12）成果

南京科技职业学院科研"北斗"计划"南京科院科技人文精神与科技道德教育创新团队"研究成果

化工产业文化教育

高尚荣　杨小燕　主编

化学工业出版社

·北京·

内容提要

本书为化工产业文化拓展教材，是国家级教学资源库"精细化工技术"民族化工文化板块内容，分为七个章节，包括化工产业文化概述、中国古代化工、近代典型化工产业文化、现代化工产业文化、化工行业文化、化工产品领域文化和化工教育科研文化等内容。为适应"产业文化进校园"要求，本书分析化工产业文化的概念，研究"四大信条"化工产业文化内涵，梳理化工产业文化的发展历程，整理化工产业领域的代表性企业文化，以树立化工专业学生的"文化自信"，提升学生的化工专业文化素质。本书是化工专业学生素质教育教材，也可供化工企业宣传文化部门、化工行业培训组织和化工行政管理部门参考使用。

图书在版编目（CIP）数据

化工产业文化教育/高尚荣，杨小燕主编．—北京：化学工业出版社，2019.11（2025.2重印）
ISBN 978-7-122-35777-9

Ⅰ.①化… Ⅱ.①高…②杨… Ⅲ.①化学工业-文化教育-高等职业教育-教材 Ⅳ.①TQ

中国版本图书馆CIP数据核字（2019）第258328号

责任编辑：王　可　蔡洪伟　于　卉　　　　装帧设计：张　辉
责任校对：王　静

出版发行：化学工业出版社（北京市东城区青年湖南街13号　邮政编码100011）
印　　装：北京虎彩文化传播有限公司
787mm×1092mm　1/16　印张 8¹/₂　字数186千字　2025年2月北京第1版第3次印刷

购书咨询：010-64518888　　　　　　　　售后服务：010-64518899
网　　址：http://www.cip.com.cn
凡购买本书，如有缺损质量问题，本社销售中心负责调换。

定　价：32.00元　　　　　　　　　　　　　　　　　版权所有　违者必究

前 言

文化指人类社会历史实践过程中创造的物质财富和精神财富的总和。产业文化是现代文化的一部分，在建设社会主义文化强国的新时代，加强对产业文化的挖掘与整理，开展产业文化教育，有助于推动优秀产业文化进校园，促进文化自信，提升文化素质。化工产业文化是长期以来我国民族化工事业发展中形成的文明成果，随着化工产业转型升级，科技含量与精神文化要求日渐提升，责任关怀等成为产业发展所必须了解的新内容，同时，化工行业组织也要求开展"产业文化进教育、工业文化进校园、企业文化进课堂"活动，这都需要新时代的化工职业人才主动了解化工产业历史，明确化工产业趋势，争做高端化工人才。化工产业文化是对化工产业发展的文化解读，也是引领化工产业"不忘初心"、文明发展的精神力量。

本教材以中华民族的民族化工文化为线索，贯穿了化工文化、历史文化、制度文化、精神文化等丰富内容。通过化工产业文化的学习，学生能够在化工产业技术研究的基础上联系化工技术发展的社会背景，明确化工发展的内部规律，以更加厚重、长远的文化充实自己。为方便教学，本教材按照32课时的教学要求设计相关章节，力求体现实用性、代表性、典型性，便于学生学习提高，同时注意融入实例实事，增强可读性。本书挖掘化工产业历史，梳理中国化学史上的文化现象，选取标志性的化学成就，同时聚焦于"民族化工文化"的主旨，体现"课程思政"的要求，促进传统文化传播，使学生深入理解民族化工文化，提高学习成效，扩大视野与眼界，增进民族文化自信。

课堂教学是学校文化传承创新的主渠道，南京科技职业学院在《精细化工技术》专业教学资源库建设中开辟民族化工文化教育模块，按照学校公共选修课要求，支持校本教材开发。本书由南京科技职业学院长期坚持开展"范旭东侯德榜精神"研究和社团教育活动的高尚荣执笔，由国家职业教育专业教学资源库《精细化工技术》主要执行人杨小燕指导、通改。本书是国家级教学资源库"精细化工技术·民族化工文化"配套教材，江苏省社科应用研究精品工程课题《南京江北新区新兴产业发展与高技能人才培养研究》（16SRB-12）成果，南京科技职业学院科研"北斗"计划"南京科院科技人文精神与科技道德教育创新团队"成果。

由于本书是化工产业文化领域首次出版的教材，加上时间紧张，不妥与疏漏之处在所难免，敬请读者批评指正。

高尚荣　杨小燕
2019 年 12 月

目 录

第一章　化工产业文化概述 … 1

第一节　化工产业文化的概念 … 1
1. 化学 … 1
2. 化工 … 2
3. 化工产业 … 3
4. 化工产业文化 … 3

第二节　化工产业文化的形成 … 4
1. 化学思想渊源 … 4
2. 化工产业转型升级的结果 … 5
3. 化工产业工业遗存之一 … 6
4. 化工产业高端化的组成部分 … 7

第三节　化工产业文化的意义 … 8
1. 化工产业发展的文化服务 … 8
2. 化工产业发展的文化导向 … 9
3. 化工产业从业者的文化素质 … 9

第二章　中国古代化工 … 10

第一节　化工手工业 … 10
1. 人工取火 … 10
2. 陶器 … 12
3. 瓷器 … 14
4. 青铜器 … 16
5. 铁器 … 19

第二节　日用化工 … 20
1. 漆器与桐油 … 20
2. 酿酒 … 24
3. 盐 … 26
4. 印染与漂洗 … 27

第三节　特殊化工 … 33

  1. 炼丹术与黑火药 33
  2. 古代中医药 37
 第四节 能源 39
  1. 炭 39
  2. 煤 42
  3. 石油 45

第三章 近代典型化工产业文化 49

 第一节 重化工业 49
  1. "永久黄"工业体系 49
  2. "四大信条"企业文化 51
  3. 侯氏制碱法 52
 第二节 轻化工业 53
  1. 味精 53
  2. 火柴 55
  3. 制糖 56
  4. 其他轻化工品 60
 第三节 近代化工产业文化雏形 60
  1. 爱国 60
  2. 科学 62
  3. 实业 62

第四章 现代化工产业文化 64

 第一节 化工安全文化 64
  1. 本质安全 64
  2. 工程安全 65
  3. 安全教育 65
  4. 安全制度 66
 第二节 化工绿色文化 68
  1. 绿色化工 68
  2. 低碳生产 69
  3. 清洁生产 69
 第三节 化工创新文化 70
  1. 技术改造 70

  2. 科技研发 ·· 71
  3. 协同创新 ·· 71

第五章 化工行业文化 ·· 73

第一节 化工制造业界文化 ·· 73
  1. 工匠精神 ·· 73
  2. 标准化 ··· 74
  3. 综合化与精细化 ·· 74
第二节 化工储运业界文化 ·· 75
  1. 多样化 ··· 75
  2. 严格化 ··· 75
  3. 系统化 ··· 76
第三节 化工营销业界文化 ·· 77
  1. 合法 ·· 77
  2. 合理 ·· 78
  3. 公平 ·· 78

第六章 化工产品文化 ·· 80

第一节 石油化工文化 ··· 80
  1. 自主自立 ··· 80
  2. 大庆精神 ··· 81
  3. 铁人精神 ··· 82
第二节 煤化工文化 ··· 83
  1. 高端转化 ··· 83
  2. 融合发展 ··· 84
  3. 忠厚吃苦 ··· 85
第三节 精细化工文化 ··· 85
  1. 价值性 ··· 85
  2. 精密性 ··· 86
  3. 技术密集 ··· 86
第四节 农化工文化 ··· 87
  1. 无害 ·· 87
  2. 民生 ·· 88
  3. 健康 ·· 88

第七章　化工教育科研文化 90

第一节　化工教育文化 90
1. "西学东渐"与化工教育 90
2. 大中专院校的化工教育文化 92

第二节　化工科研文化 95
1. 化工科研院所文化 95
2. 化工企业研发文化 96
3. 化工行业组织文化 98

第三节　科研突出成就及产业政策导向 99
1. 胰岛素 99
2. 青蒿素与诺贝尔奖 100
3. 部分化工及相关产业政策导向 105

后记 123

作者简介 124

参考文献 125

第一章
化工产业文化概述

第一节 化工产业文化的概念

1.化学

"化学"从字面解释就是"变化的科学"之意。根据《不列颠百科全书》，化学是研究物质的性质、组成、结构、转变（反应），以及转变中吸收或释放能量的科学，是在原子和分子层面上研究物质的组成、结构、性质、变化规律及应用的一门自然科学。化学是人类认识和改造物质世界的主要方法和手段之一，这个"物质"与我们平常所称的物质不同，它专指那些有确定结构的物质，包括单质与化合物，单质是由同一种原子构成的物质。例如我们所见到的金、银、铜、铁、锡等金属，还有氢、氧、氮等气体，化合物是由化学反应而生成的物质，例如氢与氧产生化学反应而生成的水。单质与化合物的共同特点是有确定的化学成分。

化学的基本分支有无机化学、有机化学、分析化学、物理化学、生物化学、高分子化学等。其中无机和有机的"机"有"生命"之意，所谓无机即无生命，无机物也就是无生命的物质了。化学上还可以用简单的办法来区分无机物与有机物，这个简单的办法就是以碳区分。如果这种化合物中含有碳，就是有机物；否则就是无机物。某些含有碳的简单化合物，例如碳元素、二氧化碳、一氧化碳、碳酸盐等，它们虽然含有碳，由于它们结构简单，与结构复杂的有机物大不相同，因此也将之归入无机物之列。有机化学又称为碳化合物的化学，是研究有机化合物的结构、性质、制备的学科，含碳化合物被称为有机化合物，这是因为以往的化学家们认为含碳物质一定要由生物（有机体）制造。然而，在1828年，德国化学家弗里德里希·维勒，在实验室中成功合成尿素（一种生物分子），自此以后有机化学便脱离传统的定义范围，扩大为含碳物质的化学。有机化合物和无机化合物之间没有绝对的分界。有机化学之所以成为化学中的一个独立学科，是因为有机化合物确有其内在的联系和特性。位于周期表当中的碳元素，一般是通过与其他元素的原子共用外层电子而达到稳定的电子构型的（即形成共价键）。这种共价键的结合方式决定了有机化合物的特性。大多数有机化合物由碳、氢、氮、氧几种元素构成，少数还含有卤素和硫、磷、氮等元素。因而大多数有机化合物具有熔点较低、可以燃烧、易溶于有机溶剂等性质。在含多个碳原子的有机化合物分子中，碳原子互相结合形成分子的结构，其他元素的原子连接在该结构上。在元素周期表各类元素中，碳元素能像碳那样以多种方式彼此牢固地结合。无机化学主要研究元素、单质和无机化合物的来源、制备、结构、性质、变化和应用，包括对于矿物资源的综合利用，在近代技术中无机原材料及功能材料的生产和研究等都具有重要的意义。例如，钢铁由于生锈产生的损失巨大，于是化学家通过对铁生锈的机理研究，控制铁生锈的条件，如水气、氧、二氧化碳、空气中的杂质和温度等，防止铁的生锈，减少损失。无机化学处在蓬勃发展时期，许多边缘领域迅速崛起，研究范围不断扩大。已形成无机合成与制备化学、同位素化学、配位化学、有机金属化学、无机固体化学、生物无机化学和同位素化学等领域。

分析化学是鉴定物质的化学组成、测定物质的有关组分的含量、确定物质的结构和存在形态及其与物质性质之间的关系等的学科。其任务为：定性分析——确定物质的化学组成，如对矿泉水进行定性分析，可以得出矿泉水含有 Ca、Mg、K、Na 等离子。定量分析——测量各组成的含量，如对矿泉水进行定量分析，就可以知道所含每种矿物元素的具体含量。结构与形态分析——表征物质的化学结构、形态、能态。动态分析——表征组成、含量、结构、形态、能态的动力学特征，研究化学反应过程中实时的能量变化等。

物理化学以丰富的化学现象和体系为研究对象，采纳物理学的理论成就与实验技术，探索、归纳和研究化学的基本规律和理论。1926 年，量子力学研究的兴起，不但在物理学中掀起了高潮，对物理化学研究也带来冲击。物理化学的研究内容大致可以概括为化学体系的宏观平衡性质：以热力学基本定律为理论基础，研究宏观化学体系在气态、液态、固态、溶解态以及高分散状态的平衡物理化学性质及其规律。化学体系的微观结构和性质：以量子理论为基础，研究原子和分子的结构，物体的体相中原子和分子的空间结构、表面相的结构，以及结构与物性的规律。化学体系的动态性质研究：由化学或物理因素的扰动所引起的化学变化过程的速率和变化机理等。

生物化学是研究发生在生物体内的化学反应过程以及参与这些化学反应的物质性质的科学。生物化学有两大研究对象：一是参加这些化学反应的物质，包括构成生物细胞基本成分的有机化合物，如蛋白质、脂肪、碳水化合物等，以及在生命活动中起关键性作用的化学反应中的关键性化合物，如核酸、维生素、激素等。二是在生物体内进行的化学反应过程。这些化学反应过程包括生物细胞内的生物化学反应，例如蛋白质的合成、物种遗传性状的传递等，以及生物体内能量储存与释放时发生的化学反应过程，还有生物化学反应中酶的作用以及催化酶的作用等。

高分子化学是研究高分子化合物的合成、化学反应、物理化学、物理、加工成型、应用等方面的综合性学科，它与人类生活有着密切的关系。在过去几千年的漫长岁月里，人们一直在利用天然高分子淀粉和蛋白质充饥，用木、竹等作为建筑材料。当代塑料、纤维、橡胶三大合成材料获得快速发展，高分子化学通过分子的纳米合成实现材料的纳米化，包括高分子薄膜、纤维和晶体等材料，对提高人类生活质量、创造社会财富、促进国民经济发展和科技进步作出了巨大贡献。

2.化工

"化工"是"化学工业""化学工程""化学工艺"的简称或统称，通常所说的"化工"主要指"化学工业"。化学工业是以天然物质或人工合成物质为原料，通过化学方法和物理方法，使原料的结构、形态发生变化，生成新的物质，经过进一步加工，获得生产资料或生活资料的工业。根据不同的加工对象又分为不同类型，以煤炭为主要原料，经过化学方法和物理方法将煤炭转化为气体、液体或固体物质，再进一步加工成一系列产品的工业，称为煤炭化学工业，简称煤化工；以石油为主要原料的化学工业称为石油化工；以天然气为主要原料的化学工业称为天然气化工；以食盐为主要原料的化学工业称为盐化工；以磷为主要原料的化学工业称为磷化工等。化学工程是研究化学工业中大规模改变物质化学和物理性质的化学过程和物理过程的共同规律的工程技术学科。化学工程作为一个学科主要包括化工原理、化工热力学、化工传递工程、化学反应工程、化工系统工程等。化学工艺即化工生产技术，指将原料物质主要经过化学反应转变为产品的方法和过程，包括实现这种转变的全部化学的和物理的措施。化学工艺包括原料的选择及预处理、生产方法的选择、设备的作用、结构、操作及选择、催化剂的选择及使用、操作条件的影响、确定及操作控制、流程的组织及生产控制、产品、副产品的分离及回收、能量的回收和利用、系统的腐蚀及防护、控制技术的应用等。

3.化工产业

化工产业是指通过化学工程技术进行生产活动的产业类型。18世纪以前，化工生产均为作坊式手工工艺，像早期的制陶、酿造、冶炼等。1746年在英国建立的铅室法硫酸厂是世界上第一个典型的化工厂，以硫铁矿和硝石为原料生产硫酸。1791年，法国医生路布兰以食盐、硫酸、石灰石、粉煤为原料生产纯碱，称为"路布兰制碱法"，并在巴黎附近的圣德尼建立了世界上第一个纯碱生产厂。1861年，比利时人索尔维发明的"氨碱法"制纯碱取代了路布兰法。1913年，德国基于化学家哈伯和工业化学家博施的研究成果建成了世界上第一个合成氨厂，它是化学工业实现高压催化反应的一个里程碑。哈伯和博施也因发明合成氨方法和实现合成氨的工业化生产而分别获得了1918年和1931年的诺贝尔化学奖。第一次世界大战结束后，德国被迫公开了包括合成氨技术在内的多项化工生产技术。1920年，美国新泽西标准石油公司实现了丙烯水合制异丙醇工艺的工业化，标志着石油化学工业的兴起。随着石油化工的发展，高分子化工也从天然高分子的加工、改性和以煤焦油、电石乙炔为原料的合成，发展到以石油化工为基础的单体原料聚合阶段。1931年，氯丁橡胶生产实现工业化，1937年，尼龙的合成，标志着人类进入了合成材料的时代，进一步推动了工农业生产和科学技术的发展。

4.化工产业文化

所谓产业文化，是指产业发展中所具有的文化要素，它不仅包含企业文化，更特指该产业所具有的共性文化，亦即某产业在多年产品生产的历史过程中，发掘、发展出属于自己的一种特有文化。它以产业为基础，展现出与之相关的精神、行为、制度、物质等方面的文化现象，包括存在于产业中的物质器物、景观及非物质的价值观念、信仰、风俗、规范、制度与行为方式等。它除了包括产业生产所衍生的技术和经营活动外，还包括休闲娱乐、生活、教育、空间和生态、环境保护、习俗、传统技艺、特殊才能、庆典、礼俗等多层面的价值和活动等内容。化工产业文化是基于化学、源于化工产业而产生的化工历史、价值诉求及精神追求的总称。

第二节　化工产业文化的形成

1. 化学思想渊源

最早的化学思想与人类的其他精神活动思维如科学、哲学、文艺、宗教等是混合在一起的，在距今一二十万年前才开始留下来越来越多的痕迹。在远古生活实践的基础上产生了原始的化学思想，物质观是其基础性的观念。中国古代的自然观是万物一元论，中国古代学者，有的认为万物是由一种原始东西构成的，可称为"一元论的物质观"，大约公元前900年的《周易》认为万物由"太极"构成，《周易》中有"太极生两仪，两仪生四象，四象生八卦"的衍生哲学思想，认为世界的本源为太极，由太极产生天地两仪，由天地两仪产生春夏秋冬四象，由四象而产生天、地、雷、风、水、火、山、泽八卦之物。大约公元前400年的《道德经》认为万物由"道"构成："道生一，一生二，二生三，三生万物"，即阴阳变化产生万物。汉初《淮南子》认为万物由"太始"构成，董仲舒的《春秋繁露》认为万物由"元"构成，王充的《论衡》认为万物由"元气"构成等。中国古代学者也讨论了物质分割问题。惠施说："一尺之棰，日取其半，万世不竭。"认为物质是一万世（一世是30年）也分不完，含有无限可分之意。《墨子》也提到物质分割问题：物质如有可能分为两半的条件，才能被分割，如果没有这个条件就不能再分割了，即认为物质的被分割是有极限的，其不能再分割的部分叫"端"，所以"端"就是最小单位。早在战国以前就已经出现阴阳五行学说，阴阳概念首见于《毛诗》，相传为西汉初毛亨和毛苌所传，据称其学出于孔子弟子子夏。《老子》中有"万物负阴而抱阳"的句子，指明万物中既有阴又有阳。《周易·系辞传》中也说到阴阳。汉朝阴阳说才奠定了基础，认为世间一切事物，有既对立而又统一的阴阳两个方面。而阴阳对立的相互作用和不断运动，就是万物以及它们的变化的根源。《内经》中说：阴阳是天地间根本的法则，万物和一切变化都遵循这个法则，这个法则是天地间奥妙所在。《左传》中有"天生五材，民并用之，废一不可"的论述，《尚书·周书·洪范》列举了"五行"即水、火、木、金、土的内容，还说到五行的主要本性和味道："水曰润下，火曰炎上，木曰曲直，金曰从革，土爰稼穑。"润和下都是水的本性；炎和上是火的本性；木能够做弯曲的东西；金指的是金属和合金。它们有顺从变革的性质；稼是种植，穑是收获。土的重要性质是生产农作物。"润下作咸，炎上作苦，曲直作酸，从革作辛，稼穑作甘"。这几句说明五行的特征：海水可做盐，食物烧焦就味苦，草木和它的果实有酸味。金（从革）作辛，意思是食物的辛辣味，有些像刀锥刺痛的感觉。稼穑作甘，当是从谷类在口中久嚼会变甜。战国时代五行意义扩大，出现了五行相胜说，水胜火，火胜金，金胜木，木胜土，土胜水，如此构成一个循环，一个胜一个，互相制约着。五行又相生：木生火、火生土、土生金、金生水，也构成一个循环。阴阳、五行与元气学说相结合，形成了我国古代唯物论的一元论自然观。汉朝《春秋繁露·卷十三》上说："天地之气，合而为一，分为阴阳，判若四时，列为五行。"这几句内容表达了一种朴素的唯物自然观。在化学史上，炼金、炼丹术的兴起和发展都和它有很大关系。

在西方化学思想史上，2500年前，古希腊学者泰勒斯认为万物共有的元素是水；阿那克西美尼主张把空气作为万物的本原；色诺芬则提出以土为本原；赫拉克利特认为火是万物的本源。公元前5世纪古希腊哲学家恩培多克勒提出了水、火、土、气组成万物的"四元素"说，试图说明物质的组成和变化，形成了早期化学元素和物质组成思想萌芽。公元前4世纪，古希腊的留基伯提出了"原子说"，认为世界万物都是由不可再分的永恒的原子组成的。原子在无限的虚空中的各个方向上运动着，其相互结合或分离，以及排列的次序、位置和原子形状的多样性，导致了事物存在形式的多样性。古代元素理论是一种哲学的猜想，并随着亚里士多德物质无限可分、不存在基本单元等思想的流行走向衰落。现代元素概念提出于1661年，英国化学家波意耳第一次提出了科学的元素概念，他认为元素是用一般的化学方法不能再分解成更简单的某些实物，从而为化学元素的相继发现、元素知识的系统化和物质组成理论的建立开拓了道路。18世纪末叶，人们陆续发现了质量守恒定律、当量定律、定比定律和倍比定律等化学基本定律。1803年，英国化学家道尔顿在综合这些经验定律的基础上提出了原子论，认为一切物质皆由微小的、不可分割的质点所组成，这些质点就是原子，同一元素具有相同的原子，不同元素具有不同原子，元素由简单原子组成，化合物由复杂原子组成。原子既不可创造，也不可消灭，每种原子以其原子量为标志。道尔顿的原子论合理地解释了当时人们所遇到的化学现象和经验定律，它的建立是化学发展中的第一次辩证综合，阐明了化学变化的统一理论基础，推动了化学迅速发展。所以恩格斯说："化学中的新时代是随着原子论开始的。"它还表明了事物相互联系以及物质的质量与数量相互联系的辩证规律。1809年，法国化学家盖·吕萨克发现，在相同温度和压力下，气体反应中各气体的体积互成简单整数比，被称为盖·吕萨克定律。1811年，意大利的化学家阿伏伽德罗提出了分子假说，认为由原子结成的分子是保持物质化学性质的最小微粒，认识到了化学研究的微观客体的特征。1860年意大利的化学家康尼查罗进一步论证了分子假说，建立了统一的原子分子物质结构理论；1897年英国物理学家汤姆生在研究阴极射线中发现了电子；1926年奥地利物理学家薛定谔以波粒二象性的观点，建立了反映微观粒子运动规律的量子力学，据此人们提出了"电子云"的原子结构模型，较好地描述了原子内部的状况，进而揭示出元素周期律的本质。1965年美国的化学家伍德沃德和霍夫曼进一步研究了反应的结构，在分析大量实验结果的基础上，发现化学反应中的分子的变化总是倾向于以保持其轨道对称性不变的方式发生，并得到对称性不变的产物，从而建立了分子轨道对称性守恒原理，是结构理论从研究静态结构到动态结构，反应理论从宏观到微观发展的重要里程碑。

化学从萌芽、产生起，就致力于研究物质的性质及其转化的规律，其研究对象主要是分子及其质变，还包括原子、原子核等物质层次。化学的物质变化观也有助于大学生养成联系、变化的思想观点，从而科学地观察自然和社会现象，养成正确的世界观、人生观和价值观。

2. 化工产业转型升级的结果

远古社会出现的化工手工业，采用化学加工的方法制陶、酿造、染色、冶炼、制漆、造纸以及制造医药、火药、肥皂等日用品，已开始有助于人们的生活。在公元前5000年左右的我国仰韶文化时期，已有红陶、灰陶、黑陶、彩陶等残陶片出现，而陶器就是一种硅酸盐。在公元前 21 世纪中国就已进入青铜器时代，到公元前 5 世纪进入铁器时代，表明冶金化学技术为人们所掌握。至少在公元前 20 世纪我国的夏禹已把酒用于祭祀，酿酒技术也利用了微生物发酵加工的生化反应。公元前后，中国和欧洲进入冶金术时期，冶炼技术得到进一步发展。

18 世纪 40 年代西方出现了现代典型的化工厂，如英国硫酸厂、法国制碱厂。英国曼彻斯特地区的制碱业污染检查员戴维斯指出："化学工业发展中所面临的许多问题往往是工程问题。各种化工生产工艺，都是由为数不多的基本操作如蒸馏、蒸发、干燥、过滤、吸收和萃取组成的，可以对它们进行综合的研究和分析。"化学工程被列为继土木工程、机械工程、电气工程之后新的工程学科。20 世纪化学工业进入大规模生产阶段，合成氨和石油化工得到了飞速发展。此后世界化学工业朝着新的方向发展：专业化和特色化、高新技术和高附加值、原料和市场本地化、绿色化和可持续等，代表性的企业有埃克森美孚、壳牌、英国石油公司为代表的上、中、下游一体化经营；大型专用和高附加值专业化学品公司，如汽巴精化、罗门哈斯、韦伯等；转向制药保健、农业等方向发展的公司，诸如杜邦、拜耳、罗纳普朗克、孟山都公司等。

1865 年，我国江南制造总局开始用铅室法制造硫酸和硝酸，成为我国近现代化学工业的滥觞。2015 年，我国化工产业在全球产量占比 36%，2018 年中国石化集团公司以 3269 亿美元的营业收入在世界 500 强排名中列第 3 位。化工在国民经济中占有特殊地位，人的生存及质量与化工息息相关。例如，一台电视机的生产与 2000 多种化学品有关，其中绝大部分是精细化学品，其他行业如农业中增产需要化肥、农药；医疗需要医药；石化生产需要催化剂、活性剂、添加剂、助剂等；服装需要纤维、染料；居住需要建材、涂料等。伴随着居民消费结构的不断升级以及城市化快速发展带来的基础设施大规模投资，从 20 世纪 90 年代开始，我国重化工产业开始出现高速增长的势头，但是在化工生产的过程中需要消耗大量的石油、煤炭和化工原料，排放大量的废水、废渣、废气，所以化工产业一直被认为是高能耗、高污染、低利用的产业，与资源、能源、环境之间的矛盾日益突出，使经济发展成本越来越高，因此必须促进产业结构由粗放型资源加工产业和劳动密集型产业向集约型和科技密集型转变，构建循环经济模式。所谓循环经济，是一种以资源的高效利用和循环利用为核心，为实现"低开采、高利用、低排放、再利用"的良性循环，以最大限度地提高经济运行的质量和效益，大幅度地减少和杜绝废弃物排放，形成资源利用与再生的反复循环流动的过程。在化学工业领域全面推行循环型生产方式，可以促进清洁生产、源头减量，实现能源梯级利用、水资源循环利用、废物交换利用、土地节约集约利用，加速重化工业的转型。在此过程中形成的化工产业发展新理念、新业态、新标准等，构成化工产业文化的重要内容。

3.化工产业工业遗存之一

随着工业化和后工业化时代的到来，20 世纪 70 年代，保护工业遗产的理念逐渐形成。工业遗产是在工业化的发展过程中留存的物质文化遗产和非物质文化遗产的总和。狭义的工业遗产是指 18 世纪工业革命后的近现代工业遗存；广义的工业遗产则可以包括史前时期加工生产石器工具的遗址、古代资源开采和冶炼遗址，以及包括水利工程在内的古代大型工程遗址。在范围方面，狭义的工业遗产主要指生产加工区、仓储区和矿山等处的工业物质遗存，包括钢铁工业、煤炭工业、纺织工业、电子工业等众多工业门类所涉及的各类工业建筑物和附属设施；广义的工业遗产包括与工业发展相联系的交通业、商贸业以及有关社会事业的相关遗存，也包括工程技术发展所带来的社会和工程领域的相关成就，如运河、铁路、桥梁以及其他交通运输设施和能源生产、传输、使用场所。在内容方面，狭义的工业遗产主要包括作坊、车间、仓库、码头、管理办公用房以及界标等不可移动文物，工具、器具、机械、设备、办公用具、生活用品等可移动文物，契约合同、商号商标、产品样品、手稿手札、招牌字号、票证簿册、照片拓片、图书资料、音像制品等涉及企业历史的记录档案；广义的工业遗产还包括工艺流程、生产技能和与其相关的文化表现形式，以及存在于人们记忆、传承和习惯中的非物质文化遗产。保留工业遗产的物质形态，弘扬工业遗产的文化精神，既能为后世留下曾经承托经济发展、社会成就和工程科技的历史形象记录，也能为社会经济未来发展带来许多思考和启迪，更能成为拉动经济发展的重要源泉。如英国伦敦著名的泰特现代艺术馆（Tate Modern）是由停运的火力发电厂改建而成，成为全世界吸引观众最多的美术馆之一，同时带动泰晤士河南岸地区从贫困衰退的旧工业区走向富裕进取的文化繁荣地区。

2017年1月，中国科学技术协会（简称"中国科协"）创新战略研究院与中国城市规划学会联合发布了中国遗产保护名录（第一批），大庆油田、延长油矿、耀华玻璃厂、华丰造纸厂、宇宙瓷厂等入选。2019年4月，中国科协创新战略研究院与中国城市规划学会共同发布由100家工业遗产组成的"中国工业遗产保护名录（第二批）"。其中，中国酒精厂入选理由是，当时远东地区最大的酒精厂，标志着现代中国酒精工业的开端，采用当时最先进的技术、进口设备与管理，聘请的技术人员为当时国内顶尖的科学家。大连化学工业公司入选该"名录"的理由是，中国共产党领导下的第一个国有大型化工企业，为新中国成立作出了突出贡献；联合制碱法中试完成地；研制我国第一台大型化工用氮气压缩机、大型制碱蒸汽煅烧炉；培养了大批化工专门技术人才，援建多家大型化工企业，被誉为"我国化学工业摇篮"；创造、保持了20个全国第一，是我国乃至亚洲最大的纯碱生产企业，中国最大、最早的基本化工原料、化学肥料生产基地。天利氮气制品厂入选该"名录"的理由：吴蕴初创办的"天"字号化工集团的重要组成部分；我国第一家生产合成氨及硝酸的化工厂；设备购自美国杜邦公司的合成氨试验工厂，合成氨车间由美国工程师设计；建厂之初购自美国的2台氢气压缩机使用至今。永利川厂入选该"名录"的理由：继承永利在塘沽的事业基础，完成了"侯氏制碱法"；抗战期间大后方重要的化工产品生产基地，坚持制碱生产，支持全国抗战和大后方工业民用；见证了抗战时期一代民族科技专家不懈奋斗的历程，培养了一批化工专门人才。2018年11月，永利化学工业公司南京铔厂入选工业和信息化部第二批国家工业遗产名录。化学"工业遗产"起到了传承化学工业建设的精神文化，促进化学工业文化产业创新发展的作用。

4. 化工产业高端化的组成部分

《国务院办公厅印发的关于石化产业调结构促转型增效益的指导意见》中指出：石化产业是国民经济重要的支柱产业，产品覆盖面广，资金技术密集，产业关联度高，对稳定经济增长、改善人民生活、保障国防安全具有重要作用。经过几十年来的探索和发展，我国化学制造业已形成了门类比较齐全、基本能够满足国民经济发展的化学工业体系，成为世界上化学品生产和消费的主要国家,产能从不足向过剩状态转变,随着消费升级和社会发展,产业中档次低、成本高、效益差的低端产品市场不断萎缩,能耗高、排放大、质量低的产品和服务加快被淘汰,产业集中度低、创新能力差距大、安全形势严峻都是需要解决的问题,高端产品、差异化产品、绿色产品日益受到消费者青睐,在为"衣、食、住、行、用"五大终端消费领域提供配套的化工产品中,"食"领域的农用化学品和"行"领域市场车用化学品(包括汽柴油、塑料、橡胶、化纤、涂料、胶粘剂等)前景广阔,其中车用化学品占整个化工行业总量的1/4以上,是最大的化工产业下游单一市场,围绕航空航天、国防军工、电子信息等高端需求,重点发展高性能、特种新材料。化学制造业可持续发展需要从发展基础化工原料向发展高新化工品方向转变;从初级化工产品向发展高附加值的高端化工产品方向转变;从粗放型生产向资源节约、环境友好型转变。化学制造部门必须大力发展绿色技术与高新技术,增加污染治理的技术供给,利用节能、低耗、无废或少废的技术和工艺实现产品结构的调整,大力开展资源综合利用,推进供给侧结构性改革,适应城镇人口密集区和环境敏感区域的危险化学品生产企业搬迁入园或转产关闭要求。坚持创新驱动,着力去产能、降消耗、减排放,补短板、调布局、促安全,推动石化产业提质增效、转型升级和健康发展。化工产业众多新理念、新要求也为化工产业文化注入了新的内容。

第三节　化工产业文化的意义

化工产业是国家产业结构的有机组成部分。产业是国民经济介于宏观经济与微观经济之间的部门与行业的总称,是企业与区域经济整体之间的一种中观经济层次,是同类企业的集合。1971年联合国《全部经济活动的国际标准产业分类》(简称《国际标准产业分类》)产业划分为农业、狩猎业、林业和渔业;矿业和采石业;制造业;电力、煤气、供水业;将建筑业;批发与零售业、餐馆与旅店业;运输业、仓储业和邮电业;金融业、不动产业、保险业及商业性服务业;社会团体、社会及个人服务业。化工按此分类,则属于制造业。我国传统的农轻重分类法将社会生产划分为农业、轻工业和重工业。按此分类,则化工属于重工业。按照产业在区域经济发展中所发挥的功能作用可分为主导产业、辅助产业与基础产业。按此分类,化工则属于主导产业。随着产业链延长,化工研发销售可归属于服务业,日用化工可归属于轻工业,化工原料染料可归属于基础产业。化工产业文化则是贯穿于各类化工产业层次的文化内核与价值体系。

1. 化工产业发展的文化服务

化工企业文化是产业文化的基础。企业是产业的细胞,应承担起相应的社会责任和义务。企业的社会责任和义务是多方面的:如对雇员、消费者和股东等的权益负责;企业要对保护环境,维持生态平衡作出贡献;企业要为社区居民服务,要为社会服务,要重视在商业领域内的信誉等。企业重视自己的社会责任和义务,其实也是现代企业发展的内在需要。随着市场经济日益完善,企业的社会关系也变得愈来愈复杂,这就需要企业通过自身努力来协调企业与社会各方面的关系,使社会交往和谐化,从而造就良好的社会氛围和生存环境。企业重视自己的社会责任和义务可以给企业带来多方面的效益：如提高企业的社会声誉；增进与地方和政府的联系；吸引更多的客户和投资者；提高顾客的忠诚度；吸引和留住职工；提高防范风险的能力等。一些大型的现代化企业，特别是石油、化工、医药等在生产过程中可能会对环境和社会产生影响的行业领军企业，都把当好"企业公民"作为公司的核心价值观之一。这些企业认识到企业的发展得益于社会，社会的发展又会促进企业发展。企业可以通过许多途径建立良好的社区关系，如参加社区活动，包括社区的环境卫生、绿化造林、维护社会治安等；主动增进社区的福利，如社区兴办教育和文化娱乐设施，企业给予人力、物力、财力上的支持；请当地居民、员工家属、政府官员、学生、民间社团组织参观企业，参加企业庆典或联欢活动等，扩大企业社会认同。

2. 化工产业发展的文化导向

产业发展需要文化的引领和导向才能走得更远，一些化工企业作了有益探索，如中国化工集团有限公司（简称"中国化工"）的发展定位是"老化工，新材料"，即传承几代化工人的基业，在重组改造化工企业的过程中，发展化工新材料和特种化学品，并适当向上下游延伸，将业务扩展到海外市场，打造国际品牌。在企业文化方面，中国化工成立了中国第一家大规模、较全面展示中国化工行业发展历程的中国化工博物馆，成为化工文化的载体，以保护化工遗产、传播化工知识，为人们提供了一个展示化学工业历史的窗口。中国化工发展科研创新，多次获得国家奖项。关注节能环保事业，中国化工从源头、过程到末端控制各个层面开展环保技术研发，形成了一批具有良好环境效益和应用前景的环保优势技术。其中，工业清洗、水处理、海水淡化等技术得到了广泛的产业化应用，使集团在环保市场占有重要地位的同时，为全社会环境保护事业作出了贡献。"零排放"管理、清洁生产、节能、降耗、减排、降污、增效等一系列的举措集中体现了中国化工在"关爱环境"方面所彰显出的企业魅力，也是中国化工作为全球知名化工企业所展现的"社会责任"。"成为世界上最受尊重的化学品制造商"是中国化工为之奋斗多年的目标，为实现这个目标，中国化工在实现自身经济利益的同时，高度关注企业社会责任，倡导责任关怀，并且还推广到合作伙伴、推广到社会其他各行业，通过责任共担来促进化工行业的可持续发展。

3. 化工产业从业者的文化素质

职工文化素质是化工产业文化活的载体与具体体现。化工生产具有高温、高压、易燃、易爆的特点，所以在生产过程中，一定要尊重化工生产的客观规律，加强安全生产观念，遵守工艺纪律、劳动纪律、安全制度，反对违章指挥和违章作业。运用系统工程的现代科学管理方法查找事故隐患，加强安全防范，消除隐患。在化工行业中，还要建立企业与企业之间、人与人之间团结、互相协作、互相支持的新型关系。由于现代生产的社会化和高度综合性的特点，决定了工业企业的生产必须是协同性很强的活动。现代的生产活动已改变过去那种封闭式单干的形式而转为开放外向的协同作战的方式，化工行业的广大职工在相互协作的过程中，要培养起识大体、顾大局、守信用、团结互助、真诚以待的优良思想品德，内化为化工企业员工的良好文化素质和文明作风。

第二章
中国古代化工

第一节 化工手工业

1. 人工取火

人类的第一个化学发现是对火的认识和利用。关于火的神话传说很多,《太平御览·火部·卷二》记载:"申弥国去都万里,有燧明国不识四时昼夜。其人不死,厌世则升天。国有火树,名燧木,屈盘万顷,云雾出于中间。折枝相钻,则火出矣。后世圣人,变腥臊之味,游日月之外,以食救万物,乃至南垂。目此树表,有鸟若鸮,以口啄树,粲然火出。圣人感焉,因取小枝以钻火,号燧人氏。"可能因为古树因雷击而起火,而且十几天甚至很长时间不灭,于是名为"燧木"。鸟去啄"火树"里烧熟的种子、果实之类时,把火炭啄落树下,也有的鸟儿如褐隼、黑鸢会衔起着火的树枝拐入草丛引燃,驱赶昆虫和小动物,便于捕猎,古人以为是"鸟啄木起火",于是萌生"钻木取火"。希腊神话说火是普罗米修斯从天上偷出来送给人类的。为此,天上主宰宙斯把他用链子锁在高加索的山上,每天有老鹰来吞食他的脏腑,直到他被英雄赫拉克勒斯救出为止。

人工取火可能出现在距今5万年到30万年这个时期,在古人类学上,这个时期的古人类代表是在德国杜塞尔多夫附近发掘出来的尼安德特人,中国的马坝人(广东韶关)、长阳人(湖北长阳)、丁村人(山西襄汾)也属于这个时期。在这些古人类遗址中普遍地发现了用火的遗迹。1965年,在我国云南元谋县发现了距今约170万年前古人类的两颗门牙化石,除了伴随着的早已灭绝了的哺乳动物的化石和可能是当时的人使用过的石器之外,还发现了用火的遗迹,即烧过的土和炭屑。在非洲肯尼亚发掘出了距今142万年的被火烧烤过的泥土碎块,根据化验排除了被林火烧过的可能性,而很可能是人类活动的产物。北京附近周口店的洞穴里的发现被证明距今已有40万年,是现存的人类用火的最早的遗迹。那里用火的堆积层最厚处达到6米,说明当时的火是从自然界取来的,因为这样取来的火种必须不断地加添燃料才能保持下去,所以才会有这么厚的堆积层。

古代火的发现者被称为燧人氏,又叫燧人、燧皇、火祖、遂人帝君,与伏羲氏、神农氏称为"三皇"。《尚书大传》中说:"遂人为遂皇,伏羲为戏皇,神农为农皇也。遂人以火纪,火,太阳也。阳尊,故托遂皇于天。"据古史记载,燧人氏不仅发明了"钻木取火""燧石取火",还发明了"结绳记事",为禽兽命名。《韩非子》记载:"上古之世,人民少而禽兽众，人民不胜禽兽虫蛇。……民食果蓏蚌蛤，腥臊恶臭而伤害腹胃，民多疾病。有圣人作，钻燧取火以化腥臊，而民说（通'悦'）之，使王天下，号之曰燧人氏。"《尸子》云："燧人上观星辰，下察五木，以为火也。"《古史考》云："太古之初，人吮露精，食草木实，山居则食鸟兽，衣其羽皮，近水则食鱼鳖蚌蛤，未有火化，腥臊多，害肠胃。有圣人出，以火德王，造作钻燧出火，教人熟食，铸金作刃，民人大悦，号曰燧人。"《三坟》云："燧人氏教人炮食，钻木取火，有传教之台，有结绳之政。"《汉书》有"教民熟食，养人利性，避臭去毒"的记载。《礼古文嘉》云："燧人始钻木取火……遂天之意，故为燧人。"《艺文类聚》记载有"燧人氏夏取枣杏之火"的传说。

自然界有很多自燃起火的时机。火山爆发能使周围的森林或草原起火；雷雨时接近地面的放电能引起森林大火；长期干旱高温能使干燥的草原或森林起火；暴露在地面的天然气和石油在一定的条件下能使草原或森林燃烧起来；还有其他种种原因都能引起自然界起火。人类经历漫长的时间，终于从怕火发展到驯服火并加以利用。火是人类驯服的第一种自然力，火的被驯服，对人类本身的发展和技术的发展起了极大的推动作用，这是人类继学会制造工具以后的又一次技术大飞跃。从驯服自然界的火到学会人工取火，这其间经历了一个很长的经验积累过程。在打制石器的过程中有可能迸发出火花，如果用的是经过打击后发热较多的石料（如黄铁矿），同时附近又有干燥易燃的草、树叶之类，便有可能燃烧起来。偶然事件的反复出现，便为实现从利用天然火到人工取火准备了条件。事实上"钻木取火"非常难，"燧石取火"更可信。古人在打猎追逐野兽时，或在平常生活中，用石头敲击石头即发生火星，便引发了古人"燧石取火"。古代先民应该是受到制造石器时某些石块撞击有火星溅出，或是钻木时发热冒烟现象的启示，逐渐发明了人工取火的方法。如《庄子》外物篇有"木与木相摩则燃"。钻木取火的方法在古代的中国、埃及、巴比伦、印度都沿用了很长时间。火可以提供高温，从而使某些在常温情况下不可能发生的过程成为可能，这就扩大了人类所能利用的自然资源的范围。熟食，就是人类利用的最早的化学过程。熟食扩大了人类的食物来源，对人类体质的改善起了很大的作用。新石器时代普遍出现的制陶业，以及晚些时候出现的冶金业，都和用火有密切的关系，恩格斯说："就世界性的解放作用而言，摩擦生火还是超过了蒸汽机。"

《周礼·秋官司寇》中有"司烜氏，掌以夫燧，取明火于日"的记载。"夫燧""阳燧"均为取火的凹面镜。《周礼·疏》解释说"以其睹太阳之精，取火于日，故名阳燧，取火于木，为木燧者也。"古时人们在行军或打猎时，总是随身带有取火器具，《礼记》中就有"左佩金燧""右佩木燧"的记载，表明晴天时用金燧取火，阴天时用木燧钻木取火。《淮南子·天文训》中写道："故阳燧见日，则燃而为火。"王充的《论衡·乱龙》中明确指出："今伎道之家，铸阳燧取飞火于日。"

钻木取火有难度，有人试图重复钻木取火的方法。先用手摇钻在木头上钻，结果是汗流浃背也未见火起。改用电钻试验，虽然钻速高达每分钟2500转，木头仍然只会冒烟而不会起火。后有人把钻木过程中烤焦的木屑聚在一起，堆在钻头周围，又盖上一团保温的棉花，继续钻木，冒烟后出现了火星，再煽风或轻吹，才会出现火苗。击燧石取火的方法从远古到20世纪七八十年代，一直沿用，只不过先前的以石击燧石，到后来改成了以铁击燧石，名曰："火镰"。1949年以前，我国一些少数民族还保留着原始的取火方法，如苦聪人的锯竹法、黎族的钻木法、佤族的摩擦法和傣族的压击法等。

对火的认识和利用一直在化学史上占有重要地位。18世纪初，当时的化学仍是以火为中心而展开的，燃烧理论成了化学反应的主导理论。1703年，德国医生施塔尔提出了燃素说，认为可燃物都含有燃素，燃烧时放出燃素而剩下残渣。燃素说解释了当时大多数的化学反应，第一次试图对化学过程进行统一说明。所以恩格斯说，化学借助燃素说从炼金术中解放出来。1777年，法国化学家拉瓦锡发现燃烧只是物质氧化的结果，燃素是虚无的，实现了化学上的一次革命。

2. 陶器

人类学会了用火之后，才有可能烧制陶器。陶器的发明在无文字记载的远古，距今至少有一万年以上。远古时期，人们生活所用的容器大多是用枝条编制的，为了使其致密无缝，往往会在容器内外抹上一层黏土。在使用中，这种容器不慎被火烧着，木质部分被烧掉，黏土部分却保留下来，而且变得坚硬耐用。人们遂发现不需木质骨架，黏土也能烧制成适用的器具，于是陶器被发明了。较清楚地提出这种看法的是美国社会学家摩尔根，通过对印第安人土著居民的实地社会调查，他在《古代社会》中写道："陶器则给人类带来了便于烹煮食物的耐用容器。在没有用陶器之前，人们烹煮食物的方法很笨拙，其方法是：把食物放在涂有黏土的筐子里，或放在铺着兽皮的土坑里，然后再用烧热的石头投入将食物弄熟。"恩格斯在《家庭、私有制和国家起源》一书中写道："可以证明，在许多地方，或许是在一切地方，陶器的制造都是由于在编制的或木制的容器上涂上黏土使之能够耐火而产生的。在这样做时，人们不久便发现，成型的黏土不要内部的容器，也可以用于实现目的。"

陶器的烧制是人类认识自然、改造自然过程中的首批成果之一。不是所有的泥土均能制陶，尤其是烧制高质量的陶器，对黏土的选择是很讲究的。选择好制陶的黏土后，将其用水湿润成具有可塑性的坯泥，成型干燥后再烧烤成坚硬陶器。这一过程是以自然物黏土为原料，通过高温条件下的化学反应，获得了一种人工的新物质陶器。据对民间土窑烧制陶器的考察，掌握火候相当关键，即便选用上等泥料，晒干入窑烧制的成功率也只有十分之一。

黏土是某些岩石的风化产物，由云母、石英、长石、高龄土、多水高岭土、方解石以及铁质有机物所组成，在800℃以上高温烧制时，发生了一系列化学变化：失去结晶水、晶形转变、固相反应和共熔玻璃相的生成。通过共熔玻璃相使松散的黏土颗粒团聚在一起，变得致密坚硬，所以陶器的烧成是将一种物质变成另一种物质的创造性劳动。从广义上来说，它是人类早期历史上一项重要的化工生产。

原始的人类根据经验，先把准备制陶的黏土清理干净并晒干，挑去杂质，若和水后发现黏土太黏，则加入一些细砂、粗砂或草木灰、草屑。和好的坯泥采用泥条盘筑、泥圈叠筑法成型，阴干后再在露天或半敞开的地坑中烧成。由于氧化作用，最早的陶器大多是以红褐色为主，间杂有灰、黑、黄等颜色的粗陶，继而发展生产出较精细的红陶。在普遍采用了陶窑和初步懂得窑内温度的控制后，烧出了灰陶和黑陶。与此同时，人们开始使用陶轮，陶轮的发明具有革命性意义，因为它所利用的机械原理在自然界是没有先例的。古代埃及人在公元前3000年时就发明了陶轮，陶轮的使用使精美陶器的大量生产成为可能。同时追求美的本性促使人们在精细的陶器表面进行装饰和彩绘，从而生产了彩陶。在装饰、加工精美陶器的实践中，人们又发现了釉和釉陶。此外人们采用不同的制陶原料，又烧制出白陶和黄红陶等。

中国的陶器制作至少已有 8000 年以上的历史。1962 年在河南新郑市裴李岗、1976 年在河北武安县磁山出土的陶器，其年代距今有 7100 年。1962 年在江西万年县仙人洞新石器时代的遗址中发现的陶器，距今也有 7000 年左右。距今至少 6000 年的浙江余姚河姆渡文化遗址中出土了大量的黑陶。这个时期出土的陶器，无论是泥质红陶、夹砂红陶，还是泥质黑陶、夹炭黑陶，尽管器形上有很大差异，但是它们的成型方法都是手制，烧成温度为 700～900℃。质地大多很粗糙，厚薄不匀，松软易碎，胎色杂，还混有石英粒或植物纤维等杂质，显示了当时制陶的原始性。

距今 5000～6000 年的仰韶文化时期，制陶业已较发达。陶窑大多集中分布在村落附近，表明为集体所有。当时处于母系氏族社会，制陶基本上由妇女承担。陶器以红陶为主，灰陶、黑陶次之。当时制陶的原料是经过筛选的、具有一定可塑性的黏土，而不是一般的黄土。当制作炊器时，人们有意识地掺入少量的细砂等，以提高成品的耐热急变性能，这说明当时人们对制陶的原料和配方已有一定认识。当时的陶器大多是手制，部分小型器件是模制，到了仰韶文化后期开始出现慢轮修整，当时的陶窑大多是就地而掘成的横穴窑或竖穴窑。能够反映仰韶文化制陶工艺水平的是细泥彩陶。这些细泥彩陶不仅其原料经过认真的选择，除去杂质，经过沉淀，而且在其表面还挂上一层细腻、均匀的陶衣，并在陶衣上描绘红、黑、白等不同颜色的美丽图案。据分析，用于彩陶的颜料分别是：红色用赭石（一种赤铁矿）；黑色用含锰、铁较高的红土；白色用含铁、锰、铜等呈色金属较少的瓷土。仰韶文化的彩陶由于体现了实用与美观的统一，所以成为珍贵的原始艺术品。

到了距今 2500 年的龙山文化时期，制陶已普遍采用了轮制，灰陶、红陶、黑陶、白陶等品种和器形显著增加，制陶业已不再是氏族集体所有，而转由某些较有制陶经验的家庭所把持。陶窑也有很大的进步，加深了火膛，缩小了火口，增多了火道、火眼，使窑内烧成温度达到了 900～1050℃，大大提高了成品率。代表龙山文化制陶工艺水平的是薄胎黑陶，出土的薄胎黑陶，通体墨黑，表面光滑，造型优美，壁薄而坚，壁厚大多仅 1 毫米。虽然黑陶的化学组成与灰陶、红陶相差不多，但是在外观上却显著不同。这不仅需要高超的成型技术，还必须在烧成中采用熏烟渗碳法。典雅大方的薄胎黑陶有极高的艺术观赏价值，所以成为中国传统的工艺品而流传至今。大汶口文化、龙山文化时期比较流行的白陶是以高铝质黏土或高岭土或瓷土作为原料。这类黏土含氧化铝较高，烧成温度也相应较高。白陶是指表面和胎质都呈白色的一种陶器。它不仅在胎色上，而且在质地上都有别于红陶、灰陶。据考古资料，早在新石器时代中后期，长江、黄河流域就已出现白陶。当时的白陶以镁质易熔黏土、高铝质黏土作原料，由于原料氧化铁含量低，故烧成后呈白色。镁质易熔黏土是某些富含氧化镁的矿物，如辉石、角闪石、绿泥石、滑石等风化产物。这类黏土成型后在 1000℃ 左右烧成，即是白陶。若烧成温度超过 1100℃，则会因产生大量的玻璃相而使制品变形或熔融，因此不能用来制瓷。这类白陶的生产，表明中国是世界上最早使用瓷土和高岭土的国家。质地细腻的白陶较一般灰陶、红陶洁净美观，成为当时名贵的工艺品。西周以后，由于印纹硬陶和原始瓷器的崛起，白陶的地位才被取代。

3. 瓷器

古代先民在陶器制作工艺的基础上发明了瓷器，硬陶是过渡品种。龙山文化时期，在江南和东南沿海地区，人们生产出一种印纹硬陶。称其为硬陶是相较于一般的灰陶、红陶而言，其采用了与一般陶器不同的原料。灰陶、红陶采用的是易熔黏土，而硬陶采用的是接近于瓷土的黏土，其中，酸性氧化物成分，主要是二氧化硅含量显著增加了；碱性氧化物成分，如氧化钙、氧化钠、氧化钾等相对减少了。原料变化使陶器的烧成温度上升到1100℃左右，烧成的陶器不仅烧结程度好，较坚硬，吸水率也明显下降，击之能发出清脆的响声。这种硬陶由于胎质细腻，外形美观，坚实耐用，很快成为深受欢迎的陶器新品种，并迅速地被推广，在西周获得很快的发展。

在商代中期出现一类带青灰色、青黄色或青绿色釉的器物，人们曾称它为青釉器。这类器物内外表面都刷有一层厚薄不匀的玻璃釉，而釉和胎的结合并不是很牢，易剥落。胎以灰白色为主，也有深灰或褐色，一般较致密，有的断口还呈现玻璃光泽，采用的原料与硬陶十分相近，二氧化硅含量高达71%以上，而一般陶器大多在70%以下，胎中助熔剂（氧化钙、氧化镁等）含量在1%左右，而一般陶器在3%以上；胎中氧化铁含量在2%左右，而一般陶器大多在6%左右；据分析，这类青釉器的釉是含氧化钙16%左右的石灰釉。石灰釉是一种以氧化钙为主要助熔剂的高温透明釉，在1050℃以上高温下烧熔。据测试这类青釉器的烧成温度一般为1200℃左右，所以胎质烧结致密，吸水率在3%以下。商周时期的原始瓷器大多与印纹硬陶同时出土，有的还在同一窑中烧成。它们内胎的化学组成基本一致，不同的是硬陶胎中所含的氧化铁较高。硬陶已不属于陶器的范畴，而是更多地接近瓷器的条件，印纹硬陶是由陶向瓷过渡的中间产物，以后的瓷器是由它发展而来。

在春秋时期我国江南地区，原始瓷器的烧制进入鼎盛时期，其烧成的数量已占同期陶器总数的一半左右，而且有些原始瓷器胎质细腻，器形规整，胎薄而均匀，胎内氧化铁含量进一步降低，外表的青釉也有进步，在质量上已较接近近代的瓷器。东汉墓葬或遗址中，发现了众多的原始瓷器，其中有一些原始瓷器，例如浙江上虞小仙坛东汉晚期窑址出土的青釉瓷器，其胎质灰白，烧结致密，吸水率仅0.28%，其0.8毫米的薄片已透光，即具有较好的进光性。它通体施釉，釉面光润，胎釉结合紧密。由于采用浸釉方法，釉层增厚且透明，呈淡雅清澈的青色。釉是石灰釉，含氧化钙15%以上，烧成温度1260~1310℃。通过显微镜观察和X射线分析，其瓷胎中能看到残留的石英颗粒较细，分布均匀，表明制胎的瓷石是经水碓粉碎，坯泥较细，瓷胎内长石残骸中发育较好的莫来石到处可见，偶尔可见玻璃中的二次莫来石，玻璃态物质较多，还有少量的闭口气孔。瓷釉内无残留石英，釉泡大而少，使釉特别透明，胎釉交界处，可见多量的斜长石晶体自胎向釉生成而形成一个反应层，故胎釉结合较好。这些瓷器已达到了近代瓷器的标准。因此可以认为，最迟在东汉晚期，中国已烧出成熟的青瓷，完成了由原始瓷器向成熟瓷器的过渡。

"瓷"字的使用首见于晋代潘岳《笙赋》："披黄包以授甘，倾缥瓷以酌醽"。不但有"瓷"字，而且还有"缥瓷"之词语。东汉许慎《说文解字》解释"缥"字时说："缥，帛青白色。"故"缥瓷"当指晋代青瓷。两晋南北朝时，制瓷业进入成熟阶段，其中以越窑（浙江绍兴）的青瓷和邢窑（河北内丘、临城）的白瓷最为著名。优质瓷器烧制是在大约 5 世纪（南朝）开始的。瓷器的制造已成为手工业生产中的一个重要部门。南北朝时期的青瓷，胎质坚实，通体施釉，呈青绿色。瓷器的颜色主要是由釉中的金属元素决定的，其中特别是铁元素的含量起着重要的作用。铁在自然界中分布很普遍，其氧化物有氧化亚铁和三氧化二铁，前者呈绿色，后者呈黑褐色或赤色。青瓷是用还原焰产生氧化亚铁而成。瓷土中的氧化亚铁的含量在 0.8%～5% 之间，绿色由淡至浓。含铁量太大，超过 5%，则因还原困难而成四氧化三铁，颜色就成暗褐色甚至黑色。所以掌握氧化亚铁的含量是烧制青瓷的关键。随着青瓷的发展，白瓷的烧制也在南北朝开始。白瓷的呈色剂主要是氧化钙，它要求铁的含量越少越好，否则会影响白瓷的白度，因此白瓷的烧制说明了对瓷土筛选技术的提高。唐代除制作日常生活用具的瓷器外，还大量制作精美的瓷器艺术品。唐宋时景德镇的制瓷业已跃居全国首位，瓷器颇为精美，宋元瓷器更是中国瓷器史上的珍品。著名的窑场有开封的官窑、禹州（河南禹县）的钧窑、汝州（河南临汝、宝丰）的汝窑、定州（河北曲阳）的定窑等。

唐人张戬《考声切韵》写道："瓷，瓦类也，加以药面而色泽光也。"宋人丁度《集韵》称："瓷，陶器之致坚者。"瓷器是陶器中的一个品种，含长石的矿物可以熔解并用作瓷釉，烧制方法是将长石掺和在粗陶土之中，从而烧制而成，瓷器烧制比陶器温度高，坯料在高温下处理时，其中易熔化的部分化成玻璃状，这样就把坯中的小孔堵实了，不会再吸入水分，于是烧出来的瓷器非常结实，轻轻地敲打会发出清脆响声。宋朝瓷业分工更细，用料讲究，时人有诗句"官窑瓷器玉为泥"，在胎质、釉料和制作技术方面又有了新的提高，烧瓷技术达到完全成熟期。河北曲阳的定窑，以烧白瓷为主，胎细壁薄，釉白滋润，以工整雅素的印花白瓷为当时白瓷的佼佼者。邯郸市彭城镇的磁州窑，也以烧白瓷为主，釉下黑彩富有特色。陕西铜川市的耀州窑，主烧青瓷，线条流畅的刻花青瓷被誉为"北方的越器"。浙江龙泉市的龙泉窑，创制出以黏稠石灰碱釉为特征，以梅子青、粉青的釉色为代表的青瓷，达到了当时青瓷工艺的高峰。景德镇窑已烧出白度和透光度均高、釉如碧玉、胎薄质坚的影青瓷（又名青白瓷）行销海内外。河南禹县的钧窑，其产品无论釉色和工艺都独具特色。它的瓷釉配方中氧化硅含量较高，氧化铝含量较低，五氧化二磷含量达 0.5%～0.95%，在 1250～1270℃烧成时，形成乳浊釉，釉色特别：当它以氧化铜作呈色剂时，若釉中含 0.1%～0.3% 的氧化铜和氧化锡，在还原气氛中烧成后呈红色，其中以胭脂红为最好；若氧化铜含量较低，仅有 0.001%～0.002%，釉就可能呈天蓝、天青或月白色；红釉和蓝釉相互熔合后又得到紫色，这就是所谓窑变的呈色机理。钧瓷的烧制经验为以后多种色釉，特别是红色釉的烧制提供了参照。宋代龙窑瓷具有火焰流速低的特点。它既可使热量充分利用，又可使全窑温度均匀，从而提高了产品的质量。同时窑的构造庞大，有的一次可烧制两万余瓷器，在数量和质量方面都有较大的提高。

明瓷达到很高的水平，是中国瓷业的一个黄金时代，江西景德镇为其中心。明瓷较之前人又有进步，表现在精制白釉烧制成功，透亮明快，纯白如牛乳。这种白釉由于所含氧化铝和二氧化硅特别高，熔剂（CaO）含量低，由以前的 10%～18% 递减为 4% 左右。所以，釉色纯白如牛奶，而且晶莹透彻。白釉质量的提高，为彩瓷的发展创造了条件。单釉中有永乐鲜红、翠青，宣德宝石红，弘治娇黄，正德孔雀丝、回青以及嘉靖孔雀蓝等。彩瓷一般又分为釉上彩和釉下彩两大类。先在胚胎上画好花纹图案，然后上釉入窑烧制的叫釉下彩；在上釉后入窑烧成了的瓷器上再彩绘，又经炉火烘烧而成的彩瓷，称为釉上彩。著名的青花瓷器就是釉下彩的一种。所谓青花瓷，"系以浅深数种之青色，交绘成纹，而不杂以他彩"。这种瓷器，名为青花，实际是蓝色，与"青瓷"的"青"完全不一样。明、清时青花瓷器已很盛行。明代"青花"，质地优美，畅销中外。其制作方法是，先把青料在素胎上绘成各种花纹图案，然后上釉，在1200℃以上高温中一次烧成。明代宣德和嘉靖窑用青料是来自外国的上等颜料，所以它们的"青花"产品花色鲜艳，成色好。"青色"是由于釉料中含有氧化钴，这种青料的色调，随着火焰的性质和温度的高低而有很大变化，如果不能准确配制釉药和掌握好火焰性质与火候，都无法使钴呈现出美丽的蓝色，或者使青花大大减色。

瓷器是中国古代灿烂文明的一个象征，西方把瓷器称作 china，也有"中国"的意思。瓷器的性状有别于陶，瓷应具备的基本条件：原料组成中的 SiO_2 和 Al_2O_3 含量要高，Fe_2O_3 的含量要尽量低，使胎色呈白色。原料基本上采用的是瓷土或高岭土，经过1200℃高温烧成，胎质烧结致密，吸水率小于1%，击之有金石声。器表施有在高温下烧成的玻璃釉，胎釉结合牢固，厚薄均匀。陶和瓷主要区别是：陶土原料含氧化铁多，瓷土（高岭土）含氧化铝多；陶烧成温度为900～1000℃，瓷的烧成温度不低于1200℃；陶表面有薄釉或无釉，瓷则必然有釉。

4. 青铜器

到新石器时代的末期，人们发现金属可以利用，但当时金属的使用只局限于在纯粹的天然矿块中偶然发现的较有展性的金属，主要是天然红铜。由红铜而青铜，人类开始了利用金属的新时代，传说黄帝曾"采首山铜，铸鼎于荆山下""黄帝作宝鼎三，象天地人也"，首山、荆山都在河南省。铜器的出现，标志着石器时代结束和原始公社解体。

远古人们在加工石器、寻找石料的过程中，逐步认识了自然铜和铜矿石，特别是孔雀石，由于它有美丽的绿色光泽，很容易被发现。新石器时代中期，河北、甘肃等地，已有用自然铜打制铜器的技术，这种冷锻法，还不是冶炼。由于长期制陶业的发展，人们积累了许多技术知识，比如高温技术、耐火材料技术等，这些知识会促使当时的人们把孔雀石放入耐火容器中冶炼，从此发明了铜的冶炼与铸造技术。铜的冶炼与铸造技术的发明，使人类控制的范围得到了极大的增强，人们掌握了一种可以塑造、延展、捶打、浇铸的物质，可以制作成工具、装饰品、器皿，可以再回到火中重新造型。铜的冶炼技术发明后，在生产过程中，有时会遇上铜、锡或铜、铅共生的矿石。人们发现，由共生矿石可以炼出一种铜合金，它与纯铜的性质大不一样，熔点降低，而硬度则提高到两倍以上。这就是人们常说的青铜。青铜的名称，唐代中期才广泛使用，唐以前一般称金。1957—1958年，甘肃武威县发现的距今1600年的齐家文化遗址中，曾出土了一批小型铜器，有刀、锥、凿等，经分析含铜量达99%以上，其中无炼渣之类的杂物，多数是冷锻而成，只有个别是镕铸的，考古学家一致认为它们是天然铜的制品。

用原始冶炼技术得到的红铜，往往杂有较多与孔雀石共生的铅、锡、锌、铁，加上冶炼温度不够高，铜与炼渣未能很好分离，故又杂有硅、钙、镁、铝等金属氧化物，因而是铜合金。红铜质地较软，不适合做工具或兵器，大多用于制作小型装饰器物。

不同地区的铜矿资源不同，因此最早冶炼出来的铜合金也差异很大。由铜与锡或铅合炼成的青铜，不仅较硬和韧，还可以降低铜的熔点，并具有较好的铸造性能。中国古代从使用红铜器过渡到青铜器，时间较短。最早的青铜器出自新石器时代的后期，即相当于中原夏代初期的一些文化遗址。在河南临汝县龙山文化（约前 2000 年）曾出土过熔炼铜的泥质炉的炉底和炉壁残块，另外在郑州西郊龙山文化遗址也曾发现类似的熔炉残片。由此可推测当时冶炼铜矿石是采用内热法，即将矿石、燃料堆放在炉内，直接燃烧加热，利用燃烧中产生的高温和一氧化碳将铜从矿石中还原而析出，熔化沉聚于炉底，最后采取破炉取铜。根据已出土的大量夏代青铜器极其广泛的分布，可以判定这种冶炼孔雀石加锡石或方铅矿的冶铜方法在夏代和早商时期已很流行。青铜器就是用青铜制造的各种器具，包括工具、武器、礼器、乐器和生活用具等，范围比较广泛。青铜合金主要成分是铜、锡、铅，它比纯铜的熔点低，但硬度增高，具有较好的机械性能和铸造性能，因而在使用上比纯铜广泛。通过对出土的商代青铜器的分析研究，可以看到早商、中商时期的青铜器化学成分是杂乱无章的，锡、铅含量也较低，而晚商时期的青铜器，含锡（铅）量一般控制在 12%～19%。再根据金属锡、铅冶炼工艺出现的年代，可以推断商代中期以后人们是采用金属铜和金属锡或铅来冶炼青铜，从这时起开始进入全盛的青铜时代。

商代创造了灿烂的青铜文化，前 1932 年商王盘庚迁殷后，青铜器、兵器及工具都大量出现。冶铸方法为范铸，早期的"范"为一个铸造模型，一个范制作一器，小件物品如镞，可以一范铸数件。晚期的铸造品仍为范铸，但铸造大器及型制器物，已为多范复合拼成。花纹的制作，系在陶模上描纹，用刀契刻，然后反印在铜范上铸上去。大器如后母戊鼎，重 832.84 千克，高 133 厘米，长 110 厘米，宽 78 厘米。铸造铜液须有 250 多人操持 70 个左右的坩埚，在极短的时间倾入范中。加上前后的制模、翻砂、修饰以及其他相关工作，需 300 多人协作方可进行。这样的作坊自然不是王室及贵族以外的平民可以经营的。至于青铜的原料，铜、铅及锡，在安阳附近可及之处均有矿藏，商代的冶铜作坊可以不假外求。青铜冶炼的第二阶段是先炼出铜，再加锡、铅矿冶炼。第三阶段是先分别炼成铜、锡、铅或铅锡合金，然后按一定比例混合，再次熔炼，成为青铜。这样炼制的青铜，成分比较稳定，而且可按不同器物的要求改变成分配比，冶炼过程容易控制。中国古人采用的铜与锡的比例是相当精确的，比如在铜里加入 15%～25% 的锡。商代的顶级青铜器中都保持在加入 25% 的锡的水平上，浇铸的精度达到更高的水平，此时青铜器的硬度是普通铜的 3 倍，扩大了青铜器的应用范围。

西周仍属于青铜时代，但冶铸青铜的作坊面积和规模比商代更大了，铜在铸鼎和铸造日用器皿方面的用量有所减少，这种有限的资源被更多地用到了武器和手工业工具的制造方面。除了各类武器制造更加锐利外，戈矛一体的铜战戟已得到普遍应用。商代只有铜盔，甲则仍用皮革制造；西周除了铜盔外，还有了铜甲，而皮制的盾则成了战车上战士的重要防护武器。商周青铜器以品种齐全、花纹瑰丽、质量精良、器型庄重而著称于世。品种方面有青铜农具和工具、青铜兵器、青铜礼器和生活用具。数以万计的出土青铜器中，以青铜礼器和生活用具为最多，作为奴隶主的陪葬品被长期保存下来。实用工具有锄、铲、锹、镰、斧、斤、凿、刀、钻、锯、锥等，有相当的规模。集中反映商周时期青铜器铸造技术的是"六齐（通'剂'）规律"的总结。所谓"六齐"是铸造青铜器时铜和锡的六种配方，这是世界上最早的合金成分和性能关系的总结，是商周以来上千年的青铜铸造实践经验的概括。根据《周礼·冬官·考工记》的记载："金有六齐（通'剂'），六分其金而锡居一，谓之钟鼎之齐；五分其金而锡居一，谓之斧斤之齐；四分其金而锡居其一，谓之戈戟之齐；参分其金而锡居其一，谓之大刃之齐；五分其金而锡居二，谓之削杀矢之齐；金锡半谓之鉴燧之齐。"《荀子》对青铜铸造要领表达如下："型范正，金锡美，工冶巧，火齐得。"即青铜铸造时要求铸范精确，铜、锡纯净，冶铸工艺巧妙适当，火候和成分掌握得当，这就申明了青铜铸造的成败的关键。西周手工业和技术方面的一个杰作是铜阳燧的发明和制造。这是一个凹形铜镜面，置于太阳之下能聚阳光取火。阳燧取火是人类利用光学仪器会聚太阳能的一个先驱。1995 年在陕西扶风出土了阳燧实物。

战国时代，《管子》一书就有了寻找银矿的经验，认为凡是有铅的地方，就可能有银矿。铅指方铅矿（PbS，硫化铅），银指自然银。自然银是次生的，附存于铅银（或银铅）矿床上部的氧化带中。铅与银的共生关系在 2000 多年前就被我们的祖先所认识，并用来指导找矿，这是很可贵的。据《汉书·地理志》所云，西汉不仅有盐铁之官，同时又有"铜官""金官"及"采金银珠宝之官"。汉化铸铜业之发达除因用铜钱（汉五铢钱）作通货，还用铜制作日用铜器。西汉采金之官，亦兼采银矿。银的用途，亦系铸造货币及制造装饰品。据史载，西汉时有银币，其时银币分三种，铸造精巧，皆有镂纹。西汉自文帝以后，皇家御用的器物，都有金银之饰。如铜器上，亦多涂以黄金，谓之涂黄。在西汉时代，金、银、铜、铁、锡、铅等各种金属工业皆已发展到相当程度了。可分离铅的灰吹法炼银和用铁从胆铜中置换铜技术已经出现。关于银矿的开采技术，南朝王韶之在《始兴记》中有一段记载，说如果发现有红如乱丝，或白如草根，或衔黑石，或有脉的银矿，就跟踪挖。浅的要挖一二丈，深的要挖四五丈，才得到大矿。关于银的冶炼技术，晋代常璩在《华阳国志》中说过，冶炼前，要用水洗矿砂，然后入炉用火冶炼成银。南宋赵彦卫的《云麓漫钞》中写道：挖出来的银矿都是碎石，要用臼捣碎，再上磨，以绢罗细，用水淘洗。淘洗后，黄的是石头，丢弃不用。黑的才是银矿，用面糊将银矿与铅团成团，入炉冶炼，就可以得到银块。这里黑白的银矿石是指辉银矿（主要成分为 Ag_2S），它与铅共同加热时，铅置换银。这种"吹灰法"，是古代比较先进的炼银方法。

推广胆铜法是宋代提高铜产量的重要技术措施。北宋末年胆铜产量已占全国铜总产量的 20%，南宋更有进展，胆铜产量甚至占全国铜总产量的 85%。宋代张甲著有《浸铜要录》一卷，是一部记载有胆水浸铜的专著，已经失传。烹熬法和浸泡法在史书和笔记中均不乏记载。《梦溪笔谈》中称："信州铅山县有苦泉……其水熬之则成胆矾，烹胆矾则成铜。"这里所记载的就是烹熬法。《宋史·食货志》记有浸泡法："以生铁煅成薄片，排置胆水槽中浸渍数日，铁片为胆水所薄，上生赤煤，取刮铁煤入炉，三炼成铜。大率用铁二斤四两，得铜一斤。……所谓胆铜也。"

锌在我国古代叫"倭铅"，中国在 16 世纪已能大规模生产金属锌。锌的冶炼是比较困难的，因为使氧化锌还原为锌的温度（1000℃以上）比锌的沸点（907℃）高，还原成气体状态的锌同空气或还原中产生的二氧化碳接触后会重新变成氧化锌。如果冶炼技术不符合要求，"入火即成烟飞去"（《天工开物》），得到大量锌是不容易的。《天工开物》中有关于炼倭铅的详细记载和插图。方法是把 10 斤（5 千克）炉甘石（即碳酸锌）装入一个"泥罐内"，然后"封裹泥固"，并把表面处理得很光滑，让它慢慢风干，切不可用火烤,以防"拆裂"。再一层层地用煤饼把装炉甘石的罐垫起来,在下面铺柴引火烧红,这时罐里的炉甘石就"熔化成团"。冷却后,"毁罐取出"就是"倭铅"了。这种方法和现在的横罐炼锌法相似。

5.铁器

公元前 6 世纪左右,即春秋末期出现了人工冶铁、制造铁器技术,铁的冶炼是一个化学过程,用铁做生产工具是古代生产力发展和提高的一个重要标志。由于铁具的使用,社会生产力发生了很大变化,推动我国由奴隶社会转变为封建社会。

我国是世界上最早使用铸铁的国家。炼铁的出现要晚于炼铜,炼铁都需要更多的热量(铁的熔点约为 1500℃,比铜高出约 500℃)。在热处理以及添加元素的反应中,钢都是比青铜敏感得多的一种合金,碳含量的变化小于 1%。1972 年,在河北省藁城台西村出土了一件铁刃铜钺,据考证为距今 3000 多年的商代遗物,也是中国出土最早的铁器之一。根据考察,刀口的铁来自陨铁。1977 年,在北京市平谷区刘家河出土了商代中期铁刃铜钺,刃部也是陨铁制成的。1977 年,在长沙窑岭一座春秋战国时期的墓葬中,出土了一件由马口铁(含碳 4.3%)铸成的铁鼎,是迄今为止最早的铸铁器之一。铸铁的发明是中国冶铁术的重大成就。

战国初期冶铁技术面临的任务就是要克服生铁的脆性,提高韧性,以便扩大铁器的使用范围。当时的工匠可能把金箔和铜器加工过程中的退火技术用于生铁柔化,取得显著的效果。出土的战国时期铁镬是经过退火处理的,表面已经变成韧性和强度都很好的钢,但是内部没有变。随着退火时间的延长,退火温度的提高,生铁铸件全断面都脱碳变成钢。这种特殊方法制成的钢称为铸铁脱碳钢。它和当时的块状炼钢相比,不仅产出率高,而且工艺简单,质量良好,因而传播很快,到汉末时几乎成为钢件的主要生产工艺。汉代我国的冶铁技术已经开始西传。《史记·七十列传·大宛列传》中记载:"自大宛以西至安息⋯⋯其地皆无丝漆,不知铸钱器,及汉使亡卒降,教铸作他兵器。"

块状铁经过加温锻打之后,其中的碳脱落,铁中含碳减至一定比例(2% 以下)即成为钢,但这要经过多次锻打,即所谓"百炼成钢"。西汉中、晚期出现的炼钢技术,在炼钢史上是一个重大的改革。炒钢法是将铸铁即生铁加热到半熔状态加以搅拌,利用空气中的氧将生铁中的碳氧化掉以减少铁中的含碳量(含碳低于 0.05% 就得到熟铁)。这种"炒"过的生铁就可以锻打了。经过这样的技术革新,把加热、炒炼、锻打、淬火等工艺措施结合起来,就可以得到不同的钢料,以满足社会的需要。炒钢法被英国著名科技史学家李约瑟称为转炉的"祖先"。

汉代对盐铁实行专卖,盐铁工业隶属国家。西汉的冶铁业发展一方面是由于战争的刺激,兵器的需要量增大;但主要的还是由于一般社会生产对于铁制生产工具的需要量增大,当时田器的制造,特别从一般的铁器制造中分离出来,成为一个独立的部门,而置于大司农属下,并专设工巧奴与从事。《汉书·志·食货志》:"大农置工巧奴与从事,为作田器。"兵器的制造属于官府。据史载,西汉自武帝时起,即分置盐官于 28 郡,分置铁官于 40 郡。自此以后,盐铁之官遍布天下。即使不产铁,也要设置铁官,负责铁器管理与销售。当时冶铁事业的发达,可见一斑。当时的冶炼炉,还是用人工鼓风。《汉书·五行志》云:"成帝河平二年正月,沛郡铁官铸铁,铁不下,隆隆如雷声,又如鼓音,工十三人惊走。音止，还视地，地陷数尺，炉分为十，一炉中销铁散如流星，皆上去。"由此而知，当时沛县的一个冶铁炉旁有 13 名工人在操作，规模较大，工艺复杂。

东汉末以后频繁的战乱使攻防武器的研发有了极大发展。盔甲比汉代更为坚固合用，箭已由铁簇改为钢簇，刀剑的锻造工艺大有进步，加上战争结束后的人口锐减，荒田待耕，使改进铁耕工具成为必要。新的铁矿山被开采，许多官办的大型冶铁工场应用了东汉时杜诗发明的鼓风水排。工匠们发明了可以把生铁熔化后浇灌到熟铁上合炼合煅的灌钢法。李约瑟曾称"灌钢是平炉的祖先"。

把海绵铁配合渗碳剂和催化剂，密封加热，使之渗碳成钢，俗称"焖钢"。据《天工开物》的记载，我国古代缝衣服用的钢针就是用密封渗碳的方法制成的。制作的时候，先拉好铁丝，把铁丝剪断成针坯，将针坯加工成针，然后把针放入锅内，慢火炒熬。炒过后，用泥粉、松木炭和豆豉三种材料掩盖密封，下面再用火蒸。在密封层外插上两三根针作为观察火候用。当外面的针已完全氧化，能用手捻成粉末时，说明密封层内渗碳的针火候已足，便打开密封层，将针淬火，这样钢针就制作完成。焖制法还可以制造各种小型农具、手工业工具和家庭用具。缺点是渗碳深度不大，一般只有两厘米左右。

南北朝时由于推广了灌钢冶炼法，使钢的产量有了大幅度的增长，农具和手工业工具得以用钢来制造，从而提高了工具的质量和生产力，灌钢冶炼法是用生铁水灌入未经锻打的熟铁水中，使生铁中的碳较快地、均匀地渗入熟铁中。只要配好生铁和熟铁的比例，就能比较准确地控制钢的含碳量，再经反复锻打，就可以得到质地均匀、质量较好的钢铁。灌钢冶炼法的显著优点是成本低，工艺简便，容易推广应用。到了宋代，灌钢冶炼法已在全国流行，成为主要的炼钢法。灌钢又称团钢，《梦溪笔谈》记载："世间锻铁所谓钢铁者，用柔铁屈盘之，乃以生铁陷其间，封泥炼之，锻令相入，谓之团钢。"中国冶铁的发明，大约早于欧洲 1000 多年。据英国学者李约瑟研究，欧洲的铸铁术，是在 11 世纪或 12 世纪由中国传去的。

第二节　日用化工

1. 漆器与桐油

（1）漆器

中国是世界上最早利用漆和制作漆器的国家，漆器曾是我国普遍应用的器具。古代人们认识到了漆的奇特性能，用以加固和修饰日常用品，进而制成形态各异、用途广阔、花色繁多的工艺品和美术品，是一项重大成就与贡献。李约瑟曾指出："漆器可能是人类所知最古老的工业塑料"，而脱胎的夹贮漆器也被认为是近代高分子复合材料的始祖。明代成书的古代漆工专著《髹（xiū）饰录》中，就曾开宗明义地指出："漆之为用也，始于书竹简。"元代人陶宗仪编纂的《辍耕录》中曾说："上古无墨，以梃（tǐng）点漆而出。"梃是指一种用竹或木制成的杆子，在古代毛笔还没发明的时候，人们就用它来当笔；而漆的颜色乌黑，黏稠流动，就被当作古代的墨了。人们用梃蘸满了漆，就能在竹简上写字了。这种用漆写成的字坚硬而牢固，不容易脱落。

《韩非子》记载："昔者尧有天下，饭于土簋，饮于土铏，其地南至交趾，北至幽都，东西至日月所出入者，莫不实服。尧禅天下，虞舜受之，作为食器，斩山木而财之，削锯修之迹，流漆墨其上，输之于宫以为食器，诸侯以为益侈，国之不服者十三。舜禅天下而传之于禹，禹作为祭器，墨染其外，而朱画其内，缦帛为茵，蒋席颇缘，觞酌有采，而樽俎有饰，此弥侈矣，而国之不服者三十三。"这即是说，舜即位时，命人砍伐林木制作食器，又用黑漆髹饰，作为宫廷的用品。大禹继位的时候，采用朱、黑两色漆装饰祭器，描绘花纹，又在食器、家具上也采用漆饰。这段话是我国有关漆器的最早记载之一。尧、舜、禹所处的时代属于新石器时代的末期，距今天已有四五千年了。1955年春天，在江苏吴江发现了一个绘有彩色图案的陶杯，色彩是用漆画成的。这个用漆画成的陶杯是我国最早发现的一件上古漆器，它属于四五千年以前新石器时代末期良渚文化的遗物。浙江余姚河姆渡文化的朱漆木碗、山西襄汾陶寺出土的彩绘漆木家具等，都是和人们日常生活关系密切的用具。

夏、商、周时期，漆器的制作也获得了长足的进步。三代漆器在使用范围方面有了很大的拓展，除原有的日用品继续生产并出现了很多新品种外，还出现了髹漆的棺椁、兵器和车马器。漆的颜色更为丰富，除了红、黄、蓝、白、黑这五个基本色调外，还出现了一些复合色；画出的纹饰也显著增多，带有动感的圆涡纹、神秘威严的兽面纹、夔（kuí，一种单足的龙）纹、线条流畅的蕉叶纹等纷纷被装饰在器物上，使漆器除了具有绚丽的色彩之外，更有了华美多变的图案，观之令人赏心悦目。雕刻和漆绘相结合是这一时期的新手法，在器物表面刻出凸起的纹饰，然后在上面涂漆。完成后就能显露出美丽的浮雕花纹。这种具有立体效果的装饰比之彩绘另有一番特别的美感，在当时深受欢迎。人们还在青铜器表面繁缛的花纹里填充部分黑漆，使纹饰更加鲜明、醒目，富有层次感，可谓是匠心独运。当时还出现了在漆器上进行贴嵌的装饰手法，"贴"是指贴金箔。1973年在河北的一个商代遗址中，出土了一件圆形的漆盒，盒身早已腐朽，但朱红色的漆片依然保存，上面还附有一片半圆的金箔。金箔的厚度不到1毫米，表面阴刻云雷纹，它是在加工刻画好之后被贴到尚未干涸的漆器上的。这种工艺到了汉代更加流行，再发展至唐代，则愈加精细，演化为一种极为复杂的"金银平脱"工艺，即：将金银片剪刻成花纹，粘贴在漆底上，拼成图案，再涂漆、研磨，使图案与漆底平齐，用以装饰漆器、铜镜，以至瓷器。镶嵌工艺也在此时的漆器制作中流行。镶嵌，是一种古老的装饰手段，早在五六千年前，居住在山东地区的先民就曾经在骨制品上镶嵌绿松石作为饰品。到了夏代的晚期，青铜器上也出现了镶嵌而成的花纹，而用来镶嵌的胶合剂，就是天然漆。商代时，这种古老的装饰方法被移用到了漆器上，镶嵌物有蚌壳、玉石、绿松石等。而在一些雕有兽面纹的漆器残片上，也发现了加工成圆角方形或三角形，嵌在兽面眼角和眼珠上的绿松石。这种做法使漆器的色彩、质感上都具有变化对比，更显精美细致。西周时代，镶嵌的做法依然盛行不衰，而镶嵌物则流行铜片、蚌片和蚌泡，其中，用蚌片加工拼合成一定的图案，再嵌到漆器上，是这一时期最具水平的工艺。20世纪80年代，考古工作者在北京琉璃河一带发现了许多西周时的漆器，其中有一件用以装酒的器具——罍（léi），其制作极为精湛。罍被漆成红色，上面画有褐色的花纹，罍的颈部、肩部、腹部和盖子上，分别嵌有被切割得非常细小的蚌片组成的凤鸟、兽面和圆涡等纹饰，与红漆漆花相映成趣。而在器身和盖子上，还附有牛头、鸟头等饰件，也有用蚌片镶嵌点缀，使器物更显得绚丽非凡。这些用以镶嵌的蚌片表面光滑平整，边缘整齐，蚌片间接缝紧密，向人们展示了周代漆工艺的高水准。

《南越志》记载："绥宁白水（今广东、广西一带）山多漆树"，漆树资源是古楚国漆业发达的天然资本。据统计，我国的野生漆树主要分布在鄂、川、陕的交界地带，这里出产的毛坝漆、建始漆、平利漆等都是蜚声中外的"国漆"。而这个"漆源之乡"又恰在战国时楚国的版图之内，楚国很早就对漆器制作有了较强的感性认识，漆器的制作和使用，已深入到社会生活的各个方面。战国以前漆器只有日用品、车马器、乐器、丧葬用品四大类20几个品种，到此时激增为八类80余种，其中家具、文具、兵器、工艺品是新兴的品种。常见漆器是耳杯，耳杯是用来喝酒的杯子，它形体椭而浅，两侧设有双耳，故名耳杯，因为造型很像一条小船，所以也称为"舟、羽觞"，屈原在《楚辞》中曾提到："瑶浆蜜勺，实羽觞些"，说的就是这种漆绘的酒杯。在楚国的漆制品中，有1/3的作品是耳杯，可见其受欢迎的程度。秦汉时代，这类器皿依然盛行不衰，直至魏晋南北朝仍然是主要的酒具。相传东晋王羲之常与友人汇聚于兰亭，进行"曲水流觞"的活动，把盛满美酒的杯子放入溪流中任其漂流，酒杯停在谁的面前，就由谁饮酒，成为文坛盛事。

20世纪70年代在湖北随县出土的曾侯乙墓葬中的各种兵器，如用于战车的长三四米的多戈戟和殳（shū）。戟和殳的棒芯为木制，外部包以纵向竹丝，以丝线进行环向缠绕，用大漆作胶粘剂制成。《史记》中曾经记载：战国时勇士豫让为晋国贵族智伯复仇，其原因是智伯被政敌赵襄子打败，头颅也被赵襄子割下，涂上漆，制成饮酒的杯子。历史记载，庄子曾为"漆园吏"，唐李泰主编的《括地志》记载："漆园故城在曹州冤句县北十七里，庄周为漆园吏，即此。"

秦汉时代是我国古代油漆技术大发展的时期，这个时期油漆技术上突出的成就是发明了"荫室"，即一种生产漆器的专用房间。房中必须保持潮湿和温暖，这是符合现代大漆成膜的科学道理的。大漆必须在较高的湿度下氧化成膜，膜的质量好，干燥速度快，且不易开裂。我国古代油漆工匠们的另一项发明是在大漆和桐油中分别加入催干剂，以加快漆膜干燥，缩短漆器的生产周期。他们使用的化学催干剂是蛋清、密陀僧（一氧化铅）或土子（二氧化锰）。

从胎骨上看，楚国的漆胎有木、陶、皮、竹、金属、夹贮和丝麻等多种，其中木胎是主要的品种。木胎是中国漆器的传统胎骨，其制胎水平尤为重要，关乎漆器本身的质量。木胎制作，有斫制、旋制、卷制和雕刻四种。卷制就是把木材制成薄片，卷成筒状，然后再粘接安底。这种制法，使漆器的胎体变得更轻更薄，既节省了木材，又方便了使用，是出于实用考虑的有益创造。而雕刻制胎，则更多地顾及了美观的方面。雕刻的漆胎有高浮雕、圆雕和透雕三种，大多都用于家具和工艺陈设品上，把生动多变的形态和绚烂的漆彩结合起来，往往有出人意表的奇谲之美。夹贮胎是战国漆器的新发明，先用灰泥制成造型，然后在外面糊上麻布，再涂上漆，如此数层，干后构成定型的硬胎，最后洗尽灰泥才制成器物。这种夹贮胎漆器，比卷木胎更轻巧便携，且又不像木胎那样会腐朽变形，还可以自由地造型，成为以后"脱胎"漆器的鼻祖。1965年湖北江陵发现的一件小座屏，用透雕的手法镂刻了蟒、蛇、蛙、鹿、凤、雀等动物，凤啄蛇，蛇食蛙，巧妙纠结，相互缠斗，表现了江汉大地鹿走鹰飞、蛙鸣蛇行的生动景象，充满了蓬勃的生机；再加上黑色漆地上红、绿、金、银的描绘，灿烂炫目，美不胜收，堪称我国漆器中的精品。

秦汉时期以后油漆工匠们又在底胎和面漆两方面进行改革，创造出一系列风格独特的新产品，如魏晋南北朝时期，工匠们创造了夹纻脱胎法制造佛像。《汉魏六朝百三家集》中有"梁简文帝为人造丈八夹纻金荡像疏"的记载。漆器的制造工艺得到进一步发展，出现了脱胎漆器。脱胎漆器是先用木骨泥模塑造出底胎，再在底胎外面粘贴麻布成布胎，布胎上髹漆并加彩绘，等油漆干燥后就制成一尊中空的漆佛像，或中空的脱胎漆器，当时曾用脱胎方法塑造了一丈多高的巨型塑像。脱胎漆器工艺的出现，是我国漆器制造史上的一大成就。这时期人们还总结出了一套保护漆器的方法。贾思勰在《齐民要术》中指出，漆食具用过之后，都必须立即用清水洗净，下午放在日光下晒干，日落时收起来，这样漆器就会牢固耐久。如果不立即用清水洗净，因为受到盐、醋等食物的腐蚀，就会起皱，器具就被破坏了。日晒时朱砂漆的里层要向日光，因为朱漆内调有桐油，性润耐日。在夏天的连续阴雨天，气候潮湿，容易发霉，因此在六七月时，必须把漆器拿出来晒一次，使其干燥，利于收藏保存。

漆器作为工艺品，传统工艺一直沿袭，并不断有所创新。其中，以唐代的"金银平脱""剔红"，宋元时期的"雕红"最为著名。"剔红"是把朱漆层层涂在木胎或金属胎上，每上一层漆就用刀剔出深浅不同的花纹图案，从而使花纹图案呈现出立体感来。"雕红"是"剔红"的发展，底胎用金、银等贵金属，是一种高贵而精妙的观赏品。漆器及其制造技术，在汉、唐、宋时期就相继传到日本、朝鲜、东南亚以至中亚、西亚各国，漆器的生产成为亚洲的一门独特手工艺行业。在近代的世界中，随着新航路的发现，我国的漆器大量进入欧洲。

（2）桐油

早在战国时代，油漆工匠们就已使用单一的大漆作为胶黏剂，而且已掌握桐油的制法，并且创造性地将桐油加入大漆中，制出混合涂料。出土的一些战国时期的漆器上的精细花纹，就是用桐油配上各种彩色颜料绘制的。桐油也为中国特产，古代多用来油漆舰船，作防水防腐之用。与此做法相比，欧美舰船的防水防腐多以亚麻仁油为主。中国桐油的干燥、防水及防腐等性能均优于亚麻仁油。桐油的广泛使用是在隋唐时期，宋代王谠所著《唐语林·政事》中有"勘每船板、钉、油、灰多少而给之"的记述，表明桐油当时在造船业的应用。另据《川杨河古船发掘简报》中记载，隋唐古船"外涂桐油，缝隙和缝隙皆填油灰"，而且"铁钉帽亦用油灰封固"。这里的"油灰"指的是桐油与石灰的混合物。在四川有许多关于藤甲兵的传说，这里的藤甲就是桐油藤甲，是我国西南少数民族特有的防护装备。唐代陈藏器在《本草拾遗》中就曾经提到"樱子桐生山中，树似梧"。北宋陈翥著有《桐谱》一书，有了更为详细的记载："实大而圆，可以取油为用。今山家多种为林，盖取子以货之也。"油桐也称油桐树、桐油树、桐子树、光桐等，是重要的种子榨油原料，大型落叶乔木植物，植株总高度5～18米，生长在林缘、山间或河边，亦可见到生长在坡地、草丛或草窝中，对生长环境的要求不是很高。油桐在我国至少有千年以上的栽培历史，产地分布于长江流域及其以南地区，以四川、湖南、湖北和贵州最为集中，为我国生产桐油的四大省份，四川的桐油产量占全国首位。重庆市秀山县的"秀油"，湖南洪江的"洪油"，是桐油中的上品。油桐为落叶小乔，树冠球形或扁球形，枝粗壮。核果球形，顶端短尖，表面光滑。种子具厚壳状种皮，宽卵形；种仁含油，高达70%。桐油是重要工业用油，用于制造油漆和涂料，经济价值很高。桐油色泽金黄或棕黄，是优良的干性油，有光泽，不能食用，具有不透水、不透气、不导电、抗酸碱、防腐蚀、耐冷热等特点。桐油是重要的出口物资之一，历史上曾与丝、茶并列为中国三大传统出口商品，无论产量和质量都长期位居世界第一。直到1880年后，油桐的栽培、种植技术才陆续传到美国等国家。

2. 酿酒

酿酒工艺是酿造化学的重要组成部分。中国酿酒始于夏代，相传夏禹时期虞舜的后人、司掌酿造的仪狄发明了酿酒。《战国策》记载："仪狄作酒而美，进之禹，禹饮而甘之，曰：'后世必有因酒而亡其国者也。'"又有"仲康（夏帝）造秫酒"之说。考古发现成果也证实殷商时代酒器最多，不仅在我国历史上是空前的，而且在世界历史上都未见先例。

龙山文化时期，即已有特别制作的酒器，酒在酒器出现以前就早已发明了。上古时期，有余粮才能发明酿酒，在农业刚开始的时代，贮藏粮食方法粗放，受潮湿后粮食发霉发芽的情况经常出现，这种发霉发芽的粮食，就是天然曲蘗。发霉发芽的粮食浸到水中，就会发酵成酒，这就是天然酒。古人即模仿制造，创造出来人工曲蘗及人工酒。中国酒的创造应在中国农业的开始时代。

曲蘗酿酒法是我国酿酒的独特方法。酿酒用的糖化及发酵的谷物颗粒、发芽发霉的粮食统称为曲蘗，后来把发芽的粮食专称为蘗。它们的用途也不相同：曲作酒，蘗做醴。因有霉菌、酵母菌等的繁殖，能糖化发酵粮食成酒。蘗的发酵力微弱，酒味比较淡薄。据研究，蘗是像现在的麸曲类的散曲（非成块的曲），日本的清酒曲即由蘗演变而成。明朝宋应星在《天工开物》中写道："曲造酒，蘗造醴。后世厌酸味薄，遂至失传，则并蘗法亦亡。"这说明宋应星认为蘗是一种发酵力弱的酒曲，也注意到了曲蘗发展史中蘗在一个时期的酿造作用（发酵作用），蘗独立于曲蘗之后，即为一种糖化剂了。《齐民要术》卷八记载的"作蘗法"就是将小麦浸于水中并日晒之，不断加水直到生芽为止。用蘗造酒的原理是因为麦粒在发芽时，胚芽中的淀粉在酶的作用下加速分解为糖，再经发酵就可完成醇化过程生成甜酒（醴）。这种方法是将淀粉的糖化与醇化过程结合在一起进行，被后世称为"复式发酵法"。欧洲直到19世纪末，才经过巴斯德等人的研究，从我国的酒曲中找到一种主要毛霉，掌握了我国独特的发酵法，将其用于酒精工业，并称为"淀粉发酵法"。用曲酿酒，是我国的重大发明。

酒曲即是人工培育霉菌的压成块状成散放的培养基，它既含有起糖化作用的根霉、曲霉等，又含有起酒化作用的酵母菌等。在谷物酿酒的过程中，酒曲中的微生物能把淀粉的糖化过程和糖类的酒化过程合并起来同时进行，这种方法相较于先生芽糖化、后酵母酒化简便迅速，后来在整个东亚地区传播开来，同时利用麦曲发酵的技术又进一步从酿酒推广到制醋、制酱，从而成为东亚酿造业的特征。

酿酒用曲蘗的记载始见《汉书·食货志》，当时的比例是："一酿用粗米二斛，曲一斛"，用曲提高原料利用率。因为曲作为糖化剂，是利用多种曲菌中的糖化酶，把淀粉水解成可发酵的单糖，便于酵母利用，含淀粉的植物均可作为酿酒原料了，这样就摆脱"秫稻必齐"的束缚，粗粮和野生植物均可酿酒，促进了制曲工艺新发展。到了北魏，仅黄河中下游，曲的种类就有十几种，以发酵力强弱作为标准分为"神曲"和"笨曲"等类别。北魏高阳太守贾思勰（约公元 6 世纪）总结了当时中国黄河中下游地区的制曲技术，介绍了当时流行的制曲法，比较仔细地讲述了当时制曲工艺的要点，总结了好曲、洁水、精米及控温的工序要点，特别强调了根据曲势来掌握分批投料、运用酸浸米和酸浆来调节发醪液的酸碱度等技术要领；在原料选择上首先要求将原料淘洗，"若淘米不净，则酒色重浊"，为此要反复淘洗，甚至要"净淘三十许遍"。投料方面曲和原料的比例是："大率曲一斗，春用水八斗，秋用水七斗；秋杀米三石，春杀米四石。"对水的要求也很高，酿酒"收水法，河水第一好。远河者，取极甘井水；水咸则不佳"，明确指出中性水好。取河水时间选在水清洁度好的低温季节："初冻后，尽年暮，水脉既定，收取则用"。贾思勰称发酵为"曲势"："沸未息者，曲势未尽……""盖用米既少，曲势未尽故也""酒薄霍霍者，是曲势盛也""米有不消者，便是曲势尽。"晋代襄阳太守嵇含著《南方草木状》，书中记载了当时流行于南方酿造业的草包曲，即现称为小曲。北宋朱肱在《北山酒经》中强调指出，制曲应控制好适当的水分和温度，同时提出了判定酒曲好坏的感官标准。他还介绍了微生物的接种方法及利用酵母、制作酵母和传醅的方法。他说："凡酝不用酵，即酒难发醅，来迟则脚不正""正发的醅为酵最妙"。原料要分批加入发酵，谓之"酘（dòu）"，分批的次数可达九次至十次。这是控制发酵动态和质量控制的关键，遇到液沸激烈的情况，要"急倾少生油入釜中其沸自止"。严格调整和控制发酵温度，当发酵热高时，就将原料"舒使极冷，然后纳之"。不能在发酵醪温度高的情况下又投入热原料，势必造成"酒发极暖，重酿暖黍，亦酢矣！"掌握发酵进程是用眼观、耳听和鼻闻。眼观看是否"如鱼眼汤""沸定"或"沸止"等；听声是否"霍霍"；闻"味"是"轻香"还是刺鼻，如果"气刺人鼻，便为大发"，即发酵过度了。酒的质量标准归纳为"闻、品、色、感"四个字。闻即气味，好酒"芳香醇烈，轻隽逌爽，超然独异"。品就是比较口味：好酒应该是"酒甘如乳""姜辛、桂辣、蜜甜、胆苦、煮在其中"。色泽要"酒色漂亮，与银光一体"，还要"色似麻油"般匀稠透亮。感就是要用手插入酒瓮中感觉温度："以手内瓮中：冷无热气，便熟矣。"

元代生产蒸馏酒，又称烧酒，元朝朱德润有一篇《札赉机酒赋》描写了当时的蒸馏器和蒸馏方法。他说："观其酿器鬲钥之机，酒候温凉之殊。甑一器而两圈，铠外环而中洼，中实以酒，仍械合之无余。少焉火炽既盛，鼎沸为汤，色混沌于郁蒸，鼓元气于中央。熏陶渐渍，凝结为炀，中涵竭于连爉，顶溜咸濡于四旁。乃泻之金盘，盛之以瑶樽。"元朝蒸馏器可能由阿拉伯传入我国。朱德润称其为"札赉机"，这个名称和天历三年"蒸熬取露"的阿刺吉酒音近，它们都和阿拉伯语 Araq（阿拉伯语"汗"）相似。李时珍在《本草纲目》中说："烧酒非古法也，自元时始创其法，用浓酒和糟入甑，蒸令气上，用器承取滴露。"这可能是当时与我国创制的酿酒法相结合的产物。

19 世纪末，法国学者卡尔考特研究了中国的酒曲，认识到中国酿酒技艺的科学内涵，他称中国利用酒曲酿酒法为"淀粉发酵法"，并将这种方法在酒精工业中推广，极大地促进了世界微生物工业技术的发展和普及。一些国外的学者认为，霉菌的利用和中国医药学的创造，可与火药、指南针、造纸术和活字印刷术等四大发明相媲美。

3. 盐

上古时代，人们抓食掬饮，只能尝到食物的本味，未知用调味品，只烹不调，饮食是单调的。盐的发现对于人类文明是一大贡献。中国古代制盐分为海盐、湖盐、井盐、岩盐等几大类。《淮南子·修务训》云：在伏羲与神农氏中间，诸侯中有宿沙氏始煮海作盐。宿沙氏生前同共工氏一样，势力很大，死后人们很尊敬他。据考证，"安邑东南十里有盐宗庙"就是祭祀宿沙氏的。此后烹饪用味始有酸咸等味，《尚书·说命》云："若作和羹，惟尔盐梅。"盐是菜肴的基本味。有了盐，食品的储藏加工才更方便，人类食物才有了多样化的必要条件。有了盐，促进胃液分泌，增进消化能力，人类的体质增强才有了新的物质条件。

我国制盐业的发展至少可以追溯到 5000 年以前，几乎与史籍上的华夏文明史同步，古代海盐的生产基地主要集中在山东沿海地区。早在夏朝（公元前 2140—公元前 1711 年），先民就学会了晒制海盐。土盐的原料是盐渍土，这种土壤的形成，在沿海地区，主要是因为经常受到海水的浸蚀使土中积聚了大量盐分。在内地的某些低洼地区，因为排水不便，附近地区泥土中的盐分被水溶液溶解后都积聚到这些洼地，随着的蒸发，地底含有盐分的水通过毛细管作用向上升，把盐分带上来，在土壤表面结晶而成为盐渍土。土盐的产制方法，就是刮取这些含有盐分的泥土制盐。

2008 年年底，我国"南水北调"工程建设过程中，在山东省寿光市北部海滨地区的双王成水库周边发现大面积制盐作坊遗址，多达 30 处，均为商代晚期至西周早期的制盐遗址；随后又在水库及周边 30 千米范围内发现商代制盐遗址近 80 处。另外，福建出土的文物中发现有古代熬盐器皿，据考证是殷商时期的遗物，可见福建沿海居民在公元前 6000 年就已经会利用海水来煮盐了。早期制盐工艺比较原始、粗糙，直接取海边咸土煎煮，后来用草木灰等来吸取海水作为制盐的原料。制盐时，先用水冲淋原料，溶解盐分成为卤水，之后将卤水晾晒蒸发以提高其浓度，再将卤水放在敞口的容器中加热蒸发形成结晶，取得盐粒。这种方法被称为淋卤煎盐，后来煎盐工艺被晒盐工艺取代。

周朝（公元前 1046—公元前 256 年）制盐规模增大，并设有专职的盐官来管理制盐事业。当时已能用盐湖的咸水来煮盐，开创了湖盐的生产。这种湖盐曾用作向统治阶层缴税的实物。春秋时（公元前 770—公元前 476 年），齐国宰相管仲大力发展盐业，盐税成为齐国的一笔巨大收入。在这一时期，劳动人民不但利用盐池（如山西运城的解池）的咸水制盐，而且也能开凿盐井借着太阳照射的热来晒盐，把地下的咸卤水汲取上来煎熬成盐。齐国盐业以民制为主，官制为辅，是盐业国家专卖制的开始。古代井盐主要分布在四川地区。战国末期，秦蜀郡太守李冰就已在成都平原开凿盐井，汲卤煎盐。《华阳国志·蜀志》中就有"井有二水，取井火煮之，一斛水得五斗盐"，当时的盐井，口径较大，井壁易崩塌，只能汲取浅层盐卤。北宋中期后，川南地区出现了卓筒井，先用"一"字形钻头舂碎岩石，注水或利用地下水用竹筒将岩屑和水汲出，口小井深。此后盐井深度不断增加，清代出现了世界上第一口超过千米的深井。制井盐和制矿盐工艺基本相同，主要有凿井、开采、溶解、汲卤、结晶等流程。宋代以后形成了纳潮、汲卤、结晶、扒盐、堆坨等制盐工艺流程。

汉朝制盐事业更加发达，从事盐业的劳动人民在生产实践中积累了丰富的知识和经验。他们趁着天晴干燥的时候，把含有盐质的土堆积起来，用水淋出较浓的咸卤水来煎熬成盐。制盐在汉朝初期已成为国家的三大工艺（冶铁、制盐、铸钱）之一，著名的《盐铁论》反映了盐在国家经济中所占的重要地位。唐朝的制盐方法又向前推进了一大步，人们已能把土地开辟成"畦"，并开沟引进咸卤水，利用太阳来晒盐。汉武帝时，为了巩固中央集权，发展封建经济，任用桑弘羊等人实行财政改革，把产销盐铁权力收归国有，由中央任命盐铁官管理，私人不得经营，违者法办。这种国家经营的盐业专卖制，在历史上延续了很长时间。

中国古代的湖盐生产主要集中在内地盐湖地区，从吉林经内蒙古、山西、宁夏、甘肃、新疆、青海至西藏等地，星罗棋布地分布着数以千计的盐湖。湖盐的制盐方法与海盐大致相同，大多采用晒制方法。岩盐，是地下深处的固体含盐岩层，主要集中在四川地区。自贡市是具有悠久历史的"盐都"，早在东汉时期（25—220 年），我国的劳动人民就在这里开凿盐矿，取卤制盐，距今已有 2000 年的历史了。矿盐的盐层厚薄不同，含盐量有多有少，因此，在生产上有直接开采和取卤煎盐两种方法。新疆、青海等地的盐矿，盐层厚，质纯洁，可露天开采，用爆破或其他方法把牢固的盐层打成碎块，直接取出即可供食用或工业用。四川的井盐矿离地面较深，不能直接采取，而是先打井并注入淡水，将矿石溶解，然后将卤水由井内汲出经煎制成盐。云南的矿盐，因为矿层中含有泥沙，需要先将矿石取出溶解，再煎熬成盐。

宋元以后，制盐技术更有提高，也更加成熟。宋代盐依制造方法分为颗盐和末盐（或散盐），分别由盐池或海井卤水煮制，国家控制盐的生产或批发环节，盐课是宋朝的国家主要财政收入之一。元代盐的生产和分类沿袭宋制，按产地分，有海盐、池盐、井盐之别：海盐产于沿海地区，分为末盐和砂盐两种，由煮或晒海水而成；池盐主要产于河东解州（山西运城）盐池，晒结而成；井盐产于四川，从井中汲卤水煮成。按制盐方式分，有煎盐和晒盐。盐业生产的资源如盐池、盐井、盐田等均归国家所有，砍伐煎盐柴薪的来源地（荡地）由"官为分拨"，不许典卖或租佃开耕，盐户由官府统一拨入盐场世袭服役。明代制盐的原料有海水、咸湖、盐井、盐岩及咸土，另外还利用枯树枝、海草制成卤水，蒸发成木盐和草盐。清代盐业实行禁榷专卖政策，食盐从生产、运输到销售，各环节均由国家管控。盐税收入清代初年占全国收入的一半左右，至清末全国财源发生变化，但盐税仍约占国家全年财政收入的四分之一。

长期的制盐历史上形成了煎煮、日晒、水淋、挖刮等不同的生产工艺，所制成的盐也有白盐、红盐、黄盐、粒盐、花盐、巴盐、砖盐、岩盐、井盐、膏盐等众多种类。关于古代制盐工艺的记载，《天工开物》的作者宋应星作了叙述："潮波浅被地，不用灰压，候潮一过，明日天晴，半日晒出盐霜，疾趋扫起煎炼。"关于盐的保存，宋应星指出："凡盐见水即化，见风即卤，见火愈坚。凡收藏不必用仓廪，盐性畏风不畏湿，地下叠稿三寸，任从卑湿无伤。周遭以土砖泥隙，上盖茅草尺许，百年如故也。"

4. 印染与漂洗

（1）印染

远在六七千年前，在新石器时代的中期，我国先民已经用赭土粉（赤铁矿粉）将粗麻布染成红色。1976 年在内蒙古曾出土一些西周时期的丝织物，上面的黄色花纹就是用矿物颜料雌黄（As_2S_3）粉描绘的。1972年从长沙马王堆一号汉墓出土的大批彩绘印花丝绸织品上面有着仍然十分鲜艳的红色花纹，都是用朱砂（天然 HgS）描绘的，更有一件印花敷彩的纱则是用朱砂、铅粉、绢云母（白色）和炭黑等多种颜料彩绘而成的。

矿物颜料染色附着力不强，很难均匀，颜色一般不很鲜艳，色泽也单调，染出来的织品也欠光滑柔软。自从尝试了以天然植物色素作染料之后，这种方法就很快被淘汰了。大约在新石器时代的中期，我国先民已开始选用天然植物色素为染料了。居住在青海柴达木盆地诺木洪地区的原始部落，那时已能用植物色素把毛线染成黄、红、褐、蓝等颜色，织出带有彩条的毛布。这类染料在生产生活中也不难发现，当人们采摘、摆弄鲜花野草时，某些花草中的浆汁沾在手上、蹭在衣服上，就会染上颜色，于是人们便会很自然地想利用它们来染色了。最初是把花、叶搓成浆状物，以后逐渐知道了用温水浸渍的方法来提取植物染料。选用的部位也逐渐扩展到植物的枝条、树皮、块根、块茎以及果实。通过千百年的努力，人们逐步判断出几种特别适宜作染料的植物，例如用蓝草来染蓝色、用茜草来染红色、用黄檗（bò）来染黄色等。又总结出各种染料的一些习性和必要的一些加工工艺。接着由于染料的需求量猛增，人们便有意识地大规模栽培这类植物并研究栽培的方法，色染也就逐步成为一种专门的技艺和行业，我国古代称之为"彰施"，这个词最早见于《尚书·益稷》，它记述了舜对禹的讲话："以五彩彰施于五色，作服，汝明。"意思是要使用五种色彩染制成五种服装，以表明等级的尊卑。

我国历代都很重视"彰施"这项技艺，各代王朝都设有专门掌管染色的机构。在周代，天官下有"染人"，就是管理染色的官员；在秦代设有"染色司"；自汉至隋各代都设有"司染署"；唐代的"织染署"下有"练染作"；宋代工部少府监有"内染院"；明清则设有"蓝靛所"。这些官方的染色管理机构又是研究机构，垄断着当时染色技艺的专利。

我国古代常用的多种染料如下。

① 红色染料：红色被认为是一种很高贵的色彩。朱红和鹅黄等色彩鲜艳的精细织品往往都是为帝王贵族制作衣物。有以下染料来源。

红花：草本植物，提取染料部分为花；西汉初就在中原种植，据说是张骞从西域移植来的；有红蓝花、黄蓝花等异名；其红色素易溶于碱水，加酸又可沉淀出来，所以红花染色的织物不能用碱性水去洗涤。

茜草：草本植物，可提取染料的部分为根茎；又写作蒨草，又名茅蒐（《尔雅》）、牛蔓（《诗疏》）、金线草（《植物名实图考》）、茹藘（《毛诗》）。《诗经》有"东门之墠，茹藘在阪""缟衣茹藘，聊可与娱"的诗句。因为这种染料色泽鲜美，很受欢迎。《史记·货殖列传》有"千亩卮（指黄色染料植物栀子）茜，其人与千户侯等"的话，表明汉代时有专门栽植茜草并交易的人。

苏木：热带乔木，其干材中含有"巴西苏木素"，原本无色，被空气氧化后便生成一种紫红色素，可作为染料。最早见于《唐本草》，原名叫"苏枋木"，据说是从南海昆仑（今越南湄公河口外）引进来的，交州（今越南河内一带）、爱州（今越南清化一带）也有。由于苏木中还含有鞣质，所以用苏木水染色后，再以绿矾水媒染，就会生成鞣酸铁，是黑色沉淀色料，颜色会变成深黑红色。

② 黄色染料：黄色也被认为是一种很高贵的颜色。有以下染料来源。

黄栌：一种落叶乔木，从其干材中可浸渍出一种黄色染料。黄栌木本为药材，最早见于《神农本草经》，唐代后用于染色。

黄檗：又名黄柏，从其木材和树皮都可浸出黄色染料，不过应用较少。它与靛青套染，则成为草绿色。但我国古代常用它染纸，制成"防蠹纸"，可以防虫蛀。

栀（zhī）子：有时写作"枝子""支子"，又名木丹、越桃。除野生外，因其花白，美而芳香，也常被植于庭园观赏。其果实椭圆形，是药材，并可从中浸取出黄色染料。李时珍记载，有一种红花栀子，以其果实染物可成赭红色。所以栀子又称黄栀子。

槐树：一种落叶乔木，我国各地普遍生长。槐花未开时，其花蕾通称"槐米"。李时珍曾指出：槐米"状如米粒，炒过，煎水，染黄甚鲜"。

③ 蓝色染料：在古代，蓝色的服装往往是平民穿戴的，所以蓝色染料用量极大。这类染料来源植物中，蓝草是从古至今最著名的制取蓝色染料的草本植物。据宋应星的分类，蓝草有五种，分别叫茶蓝（又名菘蓝）、蓼蓝、马蓝、吴蓝、苋蓝。在蓝草的叶子中含有一种色素，现代的科学名称叫"蓝甙（dài）"，在水浸的条件下逐步水解，生成可溶物是无色的，染于织物上后，经日晒，空气氧化，就生成"蓝靛"。这种染料非常耐日晒、水洗和加热，所以自古受到欢迎，历来都作为经济作物而大面积种植。

④ 紫色染料：我国自古染紫都用紫草，《神农本草经》已经著录。它有茈草（《尔雅》）、紫丹（《本草经》）、地血（《吴普本草》）等别名，是多年生的草本植物，我国南北方山野草丛中皆有，其花紫、根紫，从其根、茎部可提取出紫色染料。

⑤ 黑色染料：我国古代不同时期对黑色的看法很不一致，秦始皇认为秦灭周是以水德战胜了火德，因此尊崇黑色，衣服、旄旌、节旗皆尚黑；魏晋时也崇尚黑，因此当时建康（今南京）以染黑而著称，秦淮河南有个地方叫乌衣巷，据说住在那里的贵族子弟都穿乌衣，即黑色绸衣。但在其他一些朝代时，如东晋和唐代则以黑色为低下，穿黑衣的"皂衣"（平民百姓）"皂隶"（官员的走卒下属）就都属于下层人物。在古代服色中，"青"（即黑色）表示地位低微。唐人白居易诗云："座中泣下谁最多，江州司马青衫湿。""青衫"指黑衣，青年学子都穿青色衣服，称为"青衿"，"青衣"指传统戏曲旦角的一种，扮演举止端庄的中青年女性，大都穿黑色衣衫。我国古代黑色染料的原料是一些含鞣质（又名单宁，一种有机化合物）的植物的树皮、果实外皮或虫瘿，例如五倍子（即昆虫角倍蚜、倍蛋蚜在寄主盐肤木、青麸杨等树上形成的虫瘿）壳、核桃青皮、栗子青皮、栎树皮及其壳斗（俗名橡碗）、莲子皮、桦果等。它们的水浸取液与媒染剂绿矾配合，便生成鞣酸亚铁，上染后经日晒氧化，便在织物上生成黑色沉淀色料。因绿矾常用于染黑，所以又叫皂矾。

植物的浸液固然都可以直接拿来浸染纺织物，但是如果临到用时再来采集，就很不方便，当地既未必有这种资源，季节也未必合适；收集、运输大量植物茎叶也很不方便；而且某些浸液常常是几种色素的混合物，因此染出的织物，颜色往往不大纯正。这便促进了染料加工业的兴起，染工便预先对原料进行处理，对有效成分加以提取、纯制，做成染料成品。这样便出现了古代的染料化学工艺。例如蓝草的化学加工，据《齐民要术》和《天工开物》记载，把蓝草的叶和茎放在大坑或缸、桶中，以木、石压住，水浸数日，使其中的"蓝甙"水解并溶出成浆。每水浆一石，下石灰水五升，或按1.5%的比例加石灰粉，使溶液呈碱性，其中无色的靛白便很快被空气氧化，生成蓝色"靛青"沉淀，滤出后晾干即为成品，贩运至各地。用时，将靛青投入染缸，加入酒糟，通过发酵，使它再还原成靛白并重新溶解，即可下织物进行染色工序了。这种"靛青"制作和染色的化学工艺大约在春秋战国时代已经发明。又如红花，其水浸取液中除红色素红花甙外，还含有红花黄色素，所以直接染色，织物的色调往往不够纯正鲜艳。于是我国古代的染工先用碱性的稻草灰水（含碳酸钾）或碱水（天然碱，即碳酸钠的溶液）浸取出两种色素，再往染料液中加入酸性的乌梅水，便单独把红色素沉淀出来了，绝大部分黄色素仍留在溶液中。这样，溶解和沉淀反复几次，便可将黄色素除尽，得到纯净的红色素，制成红花饼，阴干收贮。这种红花饼可染织物成大红色，极为艳丽，也可用来染纸。

染色过程往往也并非只是简单地使染料被吸附在织物纤维上，其中常常伴随着发生化学反应。例如用黄栌水染黄，染工往往在织物着色后，再用碱性麻秆灰水漂洗，可使织物呈金黄色，因为黄栌染料硫菊黄素具有酸碱指示剂的性质，在碱性介质中黄色格外鲜亮。再如染黑，我国大约在周代时已知利用绿矾（硫酸亚铁）染黑，就是通过它与鞣质之间生成黑色的沉淀色料鞣酸铁。这项染色工艺实质上是化学染色，这种黑色料附着在织物的纤维上，日晒和水洗的牢度远比浮染抹黑（用木炭粉）好得多了。另外，至迟在汉代时，我国染工已知利用明矾为媒染剂。《唐·新修本草》又有了以青蒿灰、柃木灰（都含有一些铝盐）作媒染剂的记载，即在浸染以后，再以这些媒染剂的溶液漂洗。用现代的科学眼光看，就是使酸性染料（例如茜素）与铝盐的水解产物氢氧化铝在织物上形成色素的铝盐沉淀色料，于是附着力增强了，牢牢地固着在织物纤维上，所以实质上这也是一种化学过程。

我国色染技术也有一个由简单到复杂，由低级到高级的过程。最初是所谓"浸染"，就是把纤维或织物先经漂洗后，浸泡在染料溶液中，然后取出晾干，就算完成。但由于染料品种有限，浸染出的颜色种类就比较单调。比如，很难找到合适的天然绿色染料，染绿就发生了困难。于是便进一步发展出了"套染"。套染是把染物依次以几种染料陆续着色，不同染料的交叉配合就可以产生出色调不同的颜色来，或以同一染料反复浸染多次，又可得到浓淡递变的不同品种。例如先以黄檗染，再以靛青染，就可以得到草绿色；以茜草染色，以明矾为媒染剂，反复浸染不同遍数后，颜色就会由桃红色过渡到猩红色；以茜草染过，再以靛青着色，就可以染出紫色来。这种套色法，我国殷周时就逐步掌握了。大约在战国时成书的《考工记》以及汉初学者缀辑的《尔雅》都提到过：以红色染料染色，第一次染为縓（quán），即淡红色，第二次染为赪（chēng），即浅红色；第三次染为纁（xūn），即洋红色；再以黑色染料套染，于是第五次染为緅（zōu），即深青透红色；第六次染为玄，第七次染为缁，即为黑色。从长沙马王堆一号汉墓出土的染色织物，经色谱剖析，有绛、大红、黄、杏黄、褐、翠蓝、湖蓝、宝蓝、叶绿、油绿、绛紫、茄紫、藕荷、古铜等色的20余种色调。又有人曾对新疆吐鲁番出土的唐代丝织物进行过色谱剖析，也有24种色调，其中红色有银红、水红、猩红、绛红、绛紫；黄色有鹅黄、菊黄、杏黄、金黄、土黄、茶褐；青蓝色有蛋青、天青、翠蓝、宝蓝、赤青、藏青等。显然它们都是采用套染技术染成的，表明我国的套染技术在汉唐之际已很成熟，经验已非常丰富。又据明代人方以智的《通雅》记载：宋代仁宗时，京师染紫十分讲究，先染青蓝色，再以紫草或红花套染，得到"油紫"，即深藕荷色，非常漂亮。金代时染得的紫色则更为艳丽。

为了使服装更加华丽多彩,我国先民早在春秋战国时就已开始研究、发展多种敷彩、印花的色染工艺。到西汉时,我国在丝织品上以矿物颜料进行彩绘的技术已很高超,例如马王堆汉墓出土的绫纹罗锦袍就是用朱砂绘制的花纹,十分鲜亮。那时凸版印花技术也已相当成熟,马王堆出土的金银色印花纱,是用三块凸版套印加工的,有的印花敷彩纱,其孔眼被堵塞,表明印制图案时已采用某种干性油类作胶粘剂调和颜料,这种色浆既有一定的流动性,但又不会渗过织物。

大约在秦汉之际,我国西南地区的兄弟民族发明了蜡染技术,在古代称为"蜡缬(xié)","缬"就是有花纹的丝织品。这种技术是利用蜂蜡或白虫蜡作为防染剂,先用熔化的蜡在白帛、布上绘出花卉图案,然后浸入靛缸(主要染蓝,少数染红、紫)染色。染好后,将织物用水煮脱蜡而显花,就得到蓝地白花或蓝地浅花的印花织品,有独特的风格,图案色调饱满,层次丰富,简洁明快,朴实高雅,具有浓郁的民族特色。在南北朝时,"绞缬""夹缬"等染花技术出现。"绞缬"是先将待染的丝织物按预先设计的图案用线钉缝,抽紧后,再用线紧紧结扎成各式各样的小簇花团,如蝴蝶、蜡梅、海棠等。浸染时钉扎部分难以着色,于是染完拆线后,缚结部分就形成着色不充分的花朵,很自然地形成由浅到深的色晕和色地浅花的图案。"夹缬"的技艺则有一个从低级到高级的发展过程。最初是用两块雕镂相同图案的木花版,把布、帛折叠夹在中间,涂上防染剂,例如含有浓碱的浆料,然后取出织物,进行浸染,于是便成为对称图案的印染品。其后,则采用两块木制框架,紧绷上纱罗织物,而把两片相同的镂空纸花版分别贴在纱罗上,再把待染织品放在框中,夹紧框,再以防染剂或染料涂刷,于是最后便成为白花色地或色花白地的图案,很像后世的油墨印刷技术。盛唐时期,夹缬印花的作品图案纤细流畅,又有连续纹样,据印纺史家推测,这时已能直接用油漆之类作为隔离层,把纹样图案描绘在纱罗上,因此线条细密,图案轮廓清晰,纹样也可以连续,这种工艺可称为"筛罗花版",或简称"罗版"。唐代诗人白居易有"合罗排勘缬"的诗句,"排勘缬"的意思是依次移动两页罗花版,版版衔接,印出美丽的彩色花纹图案,正是对当时夹缬印花的描述。夹缬也有染两三种颜色的。到了宋代以后,镂空的印花版开始改用桐油竹纸,代替以前的木版,所以印花更加精细,同时更在染液中加胶粉,调成浆状,以防染液渗化。宋代印染色谱齐备,但宋代红紫绿等鲜艳的颜色只能由达官贵人穿戴,职位低下的商贾庶民只能穿皂白两色。明清时期染料应用和印花技术达到相当高的水平。

(2)漂洗

与中国古代印染工艺有密切关系、相互呼应的中国古代漂洗工艺也有很多别具特色、很值得称道的创造发明。为了在丝帛上染色,就要对生丝进行脱胶;为了在麻、棉的布上染色,就需要先行脱脂(因把麻棉纺成纱、布时,常需先以油浸湿,使其润滑,以便于纺织),再行染色。大约在周代时,人们就已经利用草木灰水使生丝脱胶,用碱性更强的楝木灰与煅蜃蛤灰(实际上就是石灰)加水所调成的浆(草木灰中的碳酸钾与石灰反应生成苛性较强的氢氧化钾)来使绸坯脱胶,然后在烈日下暴晒,如此夜浸日晒反复多次,这种工序当时叫"曝练"。在这个过程中还可使丝麻纤维得到一定程度的漂白和柔化。《考工记》中就有这方面的记载。

中国古代曾发明了许多洗涤剂，最早的是草木灰。《礼记·内则》有"冠带垢和灰清漱，衣裳垢和灰清澣"的话，所用"灰"即草木灰。《神农本草经》提到"冬灰"，就是用冬季时采集来的藜科或荻科植物烧成的灰。初时作为医药，唐代时已知它洗涤效果尤佳（含碳酸钾成分多），性质苛烈；而《唐·新修本草》又进一步解释了《本草经》中的"卤碱"就是池泽地区盐碱地上析出的天然碱，即碳酸钠。所以在汉代时，我国已能够区分这两种性质相似的可溶性碳酸盐。但因卤碱多产于内陆，在交通不便的情况下，取得草木灰比较容易，所以使用更普遍。

在唐代时，我国又发现了豆科植物皂荚树所结的荚果经水浸泡后，其水能生成泡沫，有很好的去污性能，便逐步成为民众常用的洗涤剂。这是因为皂荚果中含有一种名叫"皂苷"的物质，起泡能力很强，去污能力不弱于近代的肥皂。又因它是中性物质，不与染料作用，可使染物颜色保持鲜艳，对丝、毛织物也不苛蚀，这些都优于肥皂。其实，现在已知有700多种植物中都含有皂苷，但去垢能力有强有弱，《唐·新修本草》便指出应选"皮薄多肉""味浓"的皂荚。李时珍的《本草纲目》提到，明代时已将皂荚加工制成"肥皂荚"，效果更好，做法是"十月采荚，煮熟捣烂，和白面及诸香作丸，澡身面去垢，而腻润胜于皂荚也"。其实，这种肥皂荚在宋代时大概已经有了，南宋人周密所撰《武林旧事》中便提到当时杭州有"肥皂团"，可能就是这种物品。油脂和碱相作用，便被皂化，生成肥皂（硬脂酸钠或钾）。我国古代固然没有这类固体肥皂，但有效用类似它的"胰子"。胰子是用猪的胰脏为原料，它的发明有一个过程。北魏时，《齐民要术》就已记述过猪胰可以去垢。因为动物的胰腺含有多种消化酶，可以分解脂肪、蛋白质和淀粉，所以有较强的去污垢的能力。有些地区长期沿用，特别是在冬季使用，猪胰分解了脂肪后，还会生出甘油，又可滋润皮肤。但单独使用猪胰很不方便，在晋代时，人们就已经发明了用猪胰为原料的"澡豆"。澡豆的制法是：把猪胰脏洗净，除去其上的污血并撕去其脂肪，研成糊状，加上豆粉、香料，混匀后揉成团，晾干后便成澡豆，这样便把猪胰中的消化酶与豆粉中的皂苷结合起来使用了，去垢能力增加，而且豆粉中含有卵磷脂，可以增加起泡力和乳化力，并营养皮肤。晋代人裴启所撰《语林》曾提到西晋富豪石崇以"金澡盆盛水，琉璃碗盛澡豆"，可见那时就有这种洗涤剂了。到了明代时，澡豆发展成为"胰子"。"胰子"的成分是猪胰、砂糖、天然碱、猪脂。其制作方法是：先将新鲜的猪胰与砂糖一起研磨成糊糊状，加入少许天然碱及水，搅拌均匀，再注入融化的猪油，并不断用力搅拌、研磨，最后揉成球状或者块状，晾干后即成。所以我国传统的"胰子"与现在的肥皂是不同的。在制胰子的研磨过程中，胰脏中的消化酶被砂糖挤出，使猪脂水解为脂肪酸和甘油，脂肪酸又被碳酸钠皂化成肥皂，所以胰子具有多重的去垢能力，而且对皮肤没有刺激性，尤其适于在北方干寒的冬季使用，而且它还适合洗涤奶渍、蛋迹、血迹等蛋白污垢。在清朝末年时，北京一地就有70多家胰子店，其中的"合香楼""花汉冲"都是著名的胰子店。道光年间，文康所著小说《儿女英雄传》里就提到桂花胰子、玫瑰胰子等。在清代，胰子是中国老百姓的生活必需品。直到20世纪50年代以后，由于医药上需要的胰岛素和胰酶都得以胰腺为原料，所以胰子逐渐完全被肥皂及后来的合成洗涤剂取代了。用碱与油脂合成的肥皂是由国外传入的。我国近代化学的启蒙学者徐寿的儿子徐华封19世纪90年代在上海兴办了第一家肥皂厂。1889年，由于其在科学技术上的成就，徐华封禀奉南洋大臣批准在上海高昌庙（江南制造局旁边）开设广艺公司，生产矿烛、肥皂，后又开设广艺冶炼厂、造冰厂，成为可以与洋商竞争的化学工业领域的近代民族资本家。

第三节　特殊化工

1. 炼丹术与黑火药

英国科技史学家李约瑟对中国炼丹术在化学史上的地位评价道："整个化学最重要的根源之一，是地地道道从中国传出去的。"炼丹术又有金丹术、炼金术、点金术、黄白术等名称。作为炼丹的组成部分炼金，即"黄白"之术，是以某些较为便宜易得的金属（恶金）可能转化为贵金属（黄金）为前提的，按当时的科学水平还难于弄清楚它是否符合科学，而人们却看到自然界大量存在的物质变化的现象，如水银（汞）遇热即飞（气化），加入其他金属成为汞齐（汞和其他金属的混合物），不但汞被制住了，而且外观也起了变化，炼金的人是相信经过各种探索试验有可能炼出黄金来的，这一点是和炼丹不同的。汞（Hg），俗称水银，在各种金属中，汞的熔点是最低的，只有 $-38.87℃$，也是唯一在常温下呈液态并易流动的金属。它的使用历史在金属中早于其他金属，这和汞比较容易从含有它的矿石中取得有关。把天然硫化汞放在金属中焙烧，就可得到汞。有时，单质汞还会从一些人们意想不到的地方冒出来，例如，在西班牙的一些山区，汞会在井底出现。汞被誉为"金属的溶剂"，因为它容易同金属结合成汞齐合金，"齐"是古代对合金的称呼，金溶解于汞中形成的金汞齐，看上去银光闪闪，有的方士便是用它来冒充银子，将表面涂有金汞齐的黄金投进炭盆后，汞受热蒸发，留下来的便是金子了。其实，古代的鎏金技术就是用的此法：将金汞齐涂在铜器表面，再经烘烤，汞蒸发后金就留在器物表面了。金不怕酸碱，不怕火烧，可居然能溶于汞中，这当然要使古人以神秘的眼光来看待汞了。大约从汉武帝时起，汞及其化合物就成了金丹术的首选材料了。金丹术的始作俑者是西汉时的方士李少君。他见汉武帝一心想成仙，便从旁游说道，只要祭了灶神，朱砂（即天然硫化汞）就可炼成黄金；把这黄金做成了器具盛东西吃，就会遇到蓬莱仙岛的仙人，就能长生不老了。李少君将鲜红的石朱砂放在炉中烧成闪闪发光的水银，加入亮黄色的硫黄粉后水银变成了黑色，再加热又会变成红颜色。从化学上解释：石朱砂一经比较低的温度加热就可以分解出水银，而水银和硫黄很容易化合生成黑色硫化汞，硫化汞有黑色和红色两种类型，黑色的再加热使它升华就会变成红色。李少君的操作过程被后人称为"炼金术"。因这种法术几百年用下来仍未见效，方士渐渐失去了信心，又转为炼丹。就是用石朱砂、胆矾、云母、铅粉、铜、金等化学物质进行相互间的作用，炼出一种红色的药丸。由于石朱砂是炼丹的首选材料，因此也被称作"丹砂"。

在中国炼金是从属于炼丹的，真正认真地从事炼金探索和试验的人不多。当时欧洲人同样认为"黄金可成"，欧洲在十一二世纪把阿拉伯文书籍译成拉丁文的同时传入炼丹术，他们接受炼金的思想，一些以炼金为目的的人，在客观上对化学知识的积累做出了贡献。虽未能炼出黄金来，却也促进了化学元素的出现。

东汉末的魏伯阳、东晋的葛洪、后梁的陶弘景、隋唐之间的孙思邈等人以"长生求仙"作为逃避现实的借口，参与炼丹活动。晋代狐刚子在炼丹术试验中，改进了水银的提炼法，在我国历史上首创了炼石胆取精华的干馏胆矾制取硫酸的工艺，干馏胆矾是可以产生酸雾的，但这些酸雾很难凝结，狐刚子的贡献在于增加了一个接收装置，收集矾油。在升炼金丹方面，他是最早的铅汞派实践者，九转铅丹法是迄今流传下来的最早的制铅丹法要诀，是中国炼丹家研究、利用可逆化学反应的先声。在黄白术方面，他着重研究过雄黄、雌黄和砒黄的"点金"作用。魏伯阳的《周易参同契》是中国也是世界上现存的最早关于炼丹的著作，书中记录了一些化学现象，还试图用阴阳五行、《易》卦"坎离交姤"等来说明物质的一些变化。坎是阴中有阳，离是阳中有阴，其中的阳与阴有返本归源、复为乾坤的趋势，充满了神秘主义色彩。

　　唐朝把道教奉为国教，不少炼丹的道士出入宫廷，成为帝王的座上客。炼丹术便在封建统治者的支持下得到了进一步的发展，出现了不少著名炼丹家和炼丹著述，封建统治者以及士大夫欲借助于神丹长生不老，结果却屡屡招致严重的病痛以至死亡，唐代的皇帝有太宗、宪宗、穆宗、敬宗、武宗、宣宗6人是死于服食丹药的，导致时人对炼丹的危害不断有所认识，人们对通过炼丹术所企求的长生不老的欲望不断破灭，导致炼丹术由盛至衰。唐时在炼丹实验中一个显著的进步，就是用药趋向小数量按比例配制，向定量化发展，而不像以往用药量的盲目性，或即使有一定比例，也非常粗略的情况。例如在《抱朴子·内篇》里提到的炼丹用药，往往是"各数十斤"，甚至有用到"百斤"的，虽然由于炼丹家的保密，这种数字并不可靠，但也足以反映那时的炼丹技术是较粗率的。唐时的炼丹用药一般用两作单位，比前代的用药量大大减少。至宋代用药量又进一步减少，用两和钱来作为用药的数量单位。这说明炼丹家在长期的炼丹、制药实践中，已经积累了更加丰富的化学知识。宋代炼丹虽仍流行，但已渐渐转入强调内丹，即强调自身的修炼，所谓"诚则灵"，把能否得道成仙说成是修炼者自身的功果了。到了明代，炼丹术便趋于没落了。

　　用汞和硫黄制造丹砂的技术唐时已相当成熟，一般是用汞1斤（500克）、硫黄3两（150克），相当于100∶19。根据硫化汞中汞和硫的原子量计算，汞与硫的比例是100∶16，炼丹过程中用硫量较硫化汞的分子组成所需的硫大，这个比例有其合理性。因为硫黄在燃烧过程中容易损失，只有加大硫的分量，才能与汞充分反应。此外，利用汞和硫制成硫化汞，再与食盐反应，然后升华，从而炼制出水银霜（亦称升汞，即$HgCl_2$）的技术也已相当完善。当时炼丹方士还开始利用朴硝（含有食盐、硝酸钾和其他杂质的硫酸钠）和芒硝（硫酸钠）的水溶液来提取硫酸钾的结晶，利用汞和锡制造锡汞齐，对铁矿也有一定的认识。在炼丹药物中还利用波斯产的石棉和密陀僧，张果的《张真人金石灵砂论》中，就提到铅"可作黄丹、胡粉、密陀僧（氧化铅固体）"。火法炼丹过程中，火候的控制是很重要的，当时虽还没有测量温度的仪器，但在长期的炼丹实验中，已掌握了利用调节炭量和燃烧时间来控制温度的丰富经验。特别是在煅烧、"伏火"易燃物质时，经常引起失火事故，使炼丹家积累了不少经验教训。682年，炼丹家们把硫黄粉、硝石粉（各二两）和三个含碳素的皂角子放在一起烧炼，产生火焰。这便是所谓的硫黄伏火法。炼丹家们的所谓伏火法是企图用火来消除石质药物中的"毒气"，使之升华成为仙丹妙药。《真元妙道要略》记载火药诞生时的情形："以硫黄、雄黄合硝石，并密（蜜）烧之……焰起，烧手面及屋宇。"蜜加热分解出碳，因而实际上是硫黄、硝石与炭混合在一起。这三种东西的混合物就是初始的黑火药，对近代世界起重大作用的火药就是由此发明创造出来的。808 年，炼丹家清虚子在他的《铅汞甲辰至宝集成》中清楚地记载了配制火药的方法："硫二两，硝二两，马兜铃三钱半，右为末，拌匀。掘坑，入药于罐，内与地平。将熟火一块，弹子大，下放里面，烟渐起。"接着炼丹家们便直接加入了木炭，炉中的烟火有时甚至变成燃爆。宋代史官路振《九国志》记载，在唐朝灭亡前一年（906 年），淮南藩镇将领秦裴统兵攻打洪州城时，淮南兵"以机发火"，这是第一次在战场上投掷火药包，拉开了火药用于战争的序幕。

关于炼丹用的工具和设备，概括起来有十多种，即丹炉、丹鼎、水海（降温池）、石榴罐、坩埚子、抽汞器、华池、研磨器、绢筛、马尾罗等，其中主要部件是坩埚蒸馏器。丹鼎是火法炼丹中的反应室，水海为降温用。石榴罐是一种密封加热容器，下置坩埚子，加热后石榴罐中的水银蒸气在坩埚子的冷水中冷却成为液态水银。这种蒸馏器是我国古代炼丹家在长期炼丹实践中的一项发明。华池是水法炼丹中的重要工具，是用来盛浓醋酸的溶解槽，醋中投入硝石和其他药物，硝石在酸性溶液中提供硝酸根离子，起类似稀硝酸的作用，可使许多金属和矿物溶解。这种把酸碱反应与氧化还原反应统一起来的方法，是我国古代炼丹化学上的一大创造。

东晋葛洪（283—363 年）曾因镇压"石冰之乱"有功，被封为"伏波将军"，后辞封不受，以炼丹为名而避乱，于岭南罗浮山写作著述。葛洪的《金匮药方》《肘后备急方》记录了不少医药知识，《抱朴子》记录了比《周易参同契》更多的化学知识，如"以曾青（即胆矾、硫酸铜的结晶）涂铁，铁赤色如铜……外变而内不化也。"《肘后备急方八卷》留传至今，"书凡分五十一类，有方无论，不用难得之药，简要易明，虽经后来增损，而大旨精切，犹未尽失其本意焉。"葛洪的《抱朴子·内篇》是中国炼丹术史上一部极重要的经典著述，可以说是自西汉迄东晋中国炼丹术早期活动和成就的基本概括和全面总结，起到了炼丹术史上承前启后的重要作用。这部书对晋代炼丹术活动的各个方面都有翔实的记载，而且言语质朴，说理明晰，尤其是其中的《金丹篇》与《黄白篇》集中反映了汉晋时期中国炼丹术化学的面貌。《抱朴子·内篇·金丹》主要叙述了各种神丹妙药的炼制，《九鼎丹经》记载了九种神丹。第一种神丹名叫"丹华"，升炼丹砂（HgS）而成，如"五彩琅玕，或如奔星，或如霜雪，或正赤如丹，或青或紫"，因经"九转"而成，所以又叫"九转流珠"。实际上它就是升华硫化汞。第二种神丹名叫"神符"，又称"神药"，由飞炼水银一物而成。也可以用水银与铅混合升炼，那么这时"水银与铅精俱出，如黄金色"，此丹则称为"还丹"，又名"神符还丹"，成分当为 PbO 与 HgO 的混合物。这便是中国炼丹史上"龙虎还丹"的最早记载。第三种神丹就叫"神丹"，也叫"飞精"，是以雄黄（As_4S_4）和雌黄（As_2S_3）的混合物升炼而成，其成分是升华硫化砷。第四种神丹名叫"还丹"，是把水银、雄黄、曾青 [$2CuCO_3 \cdot Cu(OH)_2$]、矾石 [$KAl(SO_4)_2 \cdot 12H_2O$]、硫黄、卤咸（主要成分为 $MgCl_2$）、太一禹余粮（褐铁矿与黏土的混合物）、礜（yù）石（$FeAsS$ 硫化砷铁）等各种矿物在丹釜中分层安放，密封后升炼而成。第五神丹名叫"饵丹"，是升炼水银、雄黄、禹余粮的混合物而成，主要成分当是 As_4S_4 与 HgO 的混合物。第六神丹名叫"炼丹"，取"八石而成之"，即是升炼巴越丹砂、雄黄、雌黄、曾青、矾石、礜石、石胆（$CuSO_4 \cdot 5H_2O$）、慈石（Fe_3O_4）的细粉混合物（在丹釜中分层安放）而成。第七神丹名叫"柔丹"，也是升华水银的产物，但因丹釜内壁涂了玄黄（主要成分

为 Pb_3O_4、PbO 和 HgO），所以该丹的成分可能主要为 HgO，与"神符"不完全相同。第八神丹名叫"伏丹"，是用玄黄涂布丹釜，升炼水银与曾青粉、慈石粉的混合物而得到的，"其色颇黑紫，有如五色之彩"。第九神丹名叫"寒丹"，是将水银、雄黄、雌黄、曾青、礜石、慈石分层置于土釜中升炼而成。葛洪《太清神丹经》提及"九转神丹"，所用原料有赤盐（含 Fe_2O_3 的食盐）、艮雪（即水银霜 Hg_2Cl_2）、玄白〔即铅粉，化学成分为 $PbCO_3 \cdot Pb(OH)_2$〕、朱儿（即丹砂）等，又言最后所得产物须经"九转"，所以该神丹大约是反复经九次升华的硫化汞，或许还含有氯化汞。其下卷记载的是"九光丹"，实际上是分别烧炼丹砂、雄黄、白礜石、曾青、慈石五种矿物而得到的五种丹药。《抱朴子·内篇·黄白》又记载，到了东晋时期，炼丹家们试图转变铜、锡、汞、铁等金属为黄金、白银的试验也已经做了广泛的探究。葛洪说，其时已有"神仙经黄白之方二十五卷，千有余首"。所谓"黄"即黄金，"白"即白银，但在当时的技术条件下试图实现这种转变的努力都失败了。

唐代发明了火药，但在军事上应用的记录还不多。由于几个政权之间的对立和时常可能发生战争的状态，北宋政权下的一些军官开始在火药的研究和应用上做出努力，这一伟大发明完全由炼丹家的事业变成了兵器工匠的事业。根据《宋史·兵志》记载，北宋早期先后有兵部令使冯继升于 970 年、神卫水军队长唐福于 1000 年、冀州团练使石普于 1002 年分别创造并推广了火箭、火球、火蒺藜等火药武器，这主要是利用了火药的燃烧性能。1002 年，军官刘永锡曾制火炮以献朝廷。1126 年，宋朝的大将姚仲友曾用火药武器抗金。直接利用火药抛射性能的武器是突火枪，据汤璹《德安守御录》记载，1132 年抵御李横的德安守军已经"以火炮药造下长竹竿火枪二十余条"，后改进为突火枪。《金史·蒲察官奴传》载："枪制，以敕黄纸十六重为筒，长二尺许，实以柳炭、铁滓、磁末、硫黄、砒霜之属，以绳系枪端。军士各悬小铁罐藏火，临阵烧之，焰出枪前丈余，药尽而筒不损。盖汴京被攻已尝得用，今复用之。"这是一种管形火器，后得到改进，据《宋史·兵志·器甲之制》记，突火枪"以巨竹为筒，内安子窠，如烧放，焰绝石子窠发出，如炮声，远闻百五十余步"。据《金史·赤盏合喜传》载，1232 年攻金的蒙古大兵惟畏震天雷和突火枪二物。可见金人很快就有了自己的火药武器，并很快在战场上应用了它们。如果说震天雷意味着炸弹的发明，那么突火枪便是步枪和大炮的前身。

在北宋曾公亮主编的《武经总要》中，记载有三种火药配方，分别为毒性的、燃烧性的和爆炸性的，这是军事用火药配方的最早文字记载。这些配方按定量配制，增加了硝和硫的比例，反映了火药的配制已脱离了初期的简单粗糙和盲目性，在性能和效力方面都有较大的提高。其中，毒性火药称"毒药烟球法"，硝、硫、炭三者的比例为 60%∶30%∶10%，另加进草乌头、狼毒、巴豆、沥青、砒霜等毒性和造烟的药物，战争中用以向敌阵施放烟幕，使敌方中毒，战斗力削弱；燃烧性火药称"蒺藜火球法"，硝、硫、炭的比例为 61.54%∶30.77%∶7.69%，另加沥青、干漆、桐油、蜡等易燃药物，战时布放于敌骑兵必经之地，以烧伤敌方马匹，阻止敌骑兵的进攻；爆炸性火药称"火炮火药法"，硝、硫二者的比例为 74%∶26%，另加干漆、黄蜡、清油、桐油、松蜡、浓油等易燃药物，不含炭，由于工艺方面的问题，爆炸性能尚不强，主要仍用于火攻，点燃后火势特别猛烈，用于攻城陷阵之用。现代黑色标准火药硝、硫、炭的比例，美国为 74%∶10%∶16%，德国为 75%∶10%∶15%（爆炸力最强）。从我国宋代的三种火药配方的硝、硫、炭三者的比例看，已接近现代的黑色标准火药。《武经总要》中还记载有一种被称为"霹雳火球"的火器，"用薄瓷如铁钱三十片和火药三四斤，裹竹为球"，点燃后"声如霹雳"，可见已具有一定的爆炸威力。

随着硝和硫黄提炼、加工工艺的提高，火药的爆炸性能也逐渐增大。北宋末、南宋初的"霹雳炮"，已具相当强的爆炸力。1126年金兵围汴京时，李纲曾用"霹雳炮"击退金兵的进攻。1161年金兵欲渡扬子江，宋兵亦发"霹雳炮"，其声如雷，并散布石灰烟雾，杀败金兵。火炮的外壳发展成铁壳，出现了爆炸力很强的火炮"震天雷"。据《金史》记载，这种震天雷"火药发作，声如雷震，热力达半亩之上，人与牛皮皆碎迸无迹，甲铁皆透"。据《宋史》记载，至元十四年（1277年），元兵攻陷静江（今广西桂林）时，宋将娄钤辖以250人守月城，"娄乃令部人拥一火炮燃之，声如雷霆，震城土皆崩，烟气涨天外，兵多惊死者，火熄人视之，灰烬无遗矣"。可见，当时已能制造爆炸力很大的巨型火炮。在明代以前的所谓"火炮"，不同于近现代所使用的发射炮弹的大炮，它是指用抛石机抛射、或投掷、或埋置的火药武器，相当于近现代的炸药包、炮弹、地雷、手榴弹之类。

火器的发明是兵器史上的一个转折点。火器一经用到战争便体现出强大的威力。宋和金的军队在世界上最先使用火器，但这两个政权并没有被这种新式武器所拯救。从纯军事观点看，最初的火器只能部分改变军队的装备，数量不多，质量不高，并没有引起一场军事技术的彻底变革，因而只能局部影响战争的胜负。当火药传到西欧时，那里的市民阶级便利用这种新式武器跟封建阶级的骑士作战，最后把这个阶级炸得粉碎，资产阶级开始登上历史舞台，火药的发明起到了推动历史前进的重大作用。

2.古代中医药

本草是中国医药学传统的名称，起源于西汉。《本草经》（又称《神农本草经》）是我国现存最早的药物学著作，是对我国早期临床用药经验的第一次系统总结，被誉为中药理论的经典著作。书中多重视养生、服石、炼丹，还有神仙不死之类的说教，与东汉时期的社会风气颇相吻合。在西汉，医药学和炼丹术差不多同时兴起，而葛洪、孙思邈都是兼搞医学和炼丹术的。炼丹术的新成就也常被吸收于本草学之中。

《本草经》载有365种药物，其中植物药物252种，动物药物67种，矿物药物46种。对每味药的产地、性味、采集时间、入药部位和主治病都有详细记载，对各种药物怎样相互配合应用，以及药物的制剂，都作了概括。在矿物药中有铁、硫黄、汞、代赭石（赤铁矿）、铅丹（Pb_3O_4）、硝石、石灰（CaO）、磁石（Fe_3O_4）、石胆（$CuSO_4 \cdot 5H_2O$）、蓬砂（$Na_2B_4O_7 \cdot 10H_2O$）、矾（礬）石［$KAl(SO_4)_2 \cdot 12H_2O$］、朴硝（不纯的 $Na_2SO_4 \cdot 10H_2O$）、云母、紫石英（CaF_2）等；在动物药中有阿胶、麝香、牛黄等；植物药中有五味子、干漆、附子（含乌头碱）、紫草等。还记载了许多特效药物，如麻黄可治疗哮喘、大黄可泻火、常山（又名互草、七叶等）可以治疗疟疾等。

《本草经》中对一些元素及其化合物的性质和化学变化作过一些正确的描述，如"丹砂……能化为汞"，又说"水银……主治疥瘘痂疡白秃……杀金银铜锡毒，熔化还原为丹"，说的是汞能和一些金属生成汞齐，将汞加热后能起缓慢氧化作用生成氧化汞。这里提到水银治疗疥疮是有效的临床经验，早于其他各国。书中还提到"空青……能化铜铁铅锡作金""曾青……能化金铜""石胆……能化铁为铜"，都是讲的化学上的置换反应。石胆、空青（$CuSO_4 \cdot 5H_2O$）、曾青［蓝铜矿 $Cu(OH)_2CuCO_3$］，这些铜盐遇铁后能发生置换反应生成金属铜。《本草经》的这些记载与《淮南万毕术》上"曾青得铁则化为铜"是一致的。

南北朝时的《本草经集注》载药 730 种，对烧石灰的过程作了相当详细的描述，"近山生石，青白色，作灶烧，以水沃之，则热蒸而解"。

659 年，世界上第一部国家药典《唐·新修本草》颁行，《唐·新修本草》载药 844 种，并附有图谱。共 54 卷，分药图、药经、本草三部分，其中考证过去本草经籍所载有差错的药物四百余种，增补新药百余种。在对 109 种无机药物陈述中包括不少化学内容，如说硇（náo）砂（NH_4Cl，天然氯化铵）除药用外，还可作焊接药剂，即所谓"汗药"。书中载有制银屑法，是把银片与水银制成汞齐，再合硝石及盐研为粉，更烧去水银，洗去盐分，就成极细的银粉了。《唐·新修本草》中记有一种用白锡银箔和水银合制而成的"银膏"，类似现代齿科用的填充剂。书中收录有各地动植物的标本图录，全书图文并茂，有图经 25 卷，不仅是一部药物学著作，而且是一部动植物形态学著作，在生物学史上也有着一定的意义。

唐时的炼丹方士很注意各种药物的产地，对各地所产药物特别是矿物药的性质有较详细的记述，已知道辨别药物质量的优劣，并且著有矿物药的专著。约成书于 664 年的道藏名作《金石簿九五数诀》，指出了炼丹时"先须识金石，定其形质，知美恶所处法"。书中详列各种药物的形质和品质，以及药物的产地。如朱砂，书中说："出辰（湖南沅陵）锦（湖南麻阳）州，大如桃枣，光明四映彻莹透如石榴者良，如无此者次。"又如雄黄，书中说："出武都（今甘肃陇南市武都区），色如鸡冠，细腻红润者上，波斯国赤色者下。"818 年梅彪所撰的《石药尔雅》，更是一部矿物药物的同义词典，书中列举了 62 种药物的 335 种异名，也是炼丹术对医药学的贡献。

炼丹中所得到的化学药物，在医学上得到了广泛的运用。在孙思邈的《千金翼方》中，记有"飞水银霜法"，这是一种毒性较小的汞化合物氯化亚汞（$HgCl$），可以治疗疥癣、湿疹等皮肤病。唐代医学家王焘的《外台秘要》记有另一制水银霜法，是一种氯化汞（$HgCl_2$），有很强的杀菌防腐力，外用可以提毒、拔脓，促进疮口愈合。孙思邈《千金要方》中记载他还制造了一种叫"太一神精丹"的化学制剂，是由丹砂、曾青、雌黄（As_2S_3）、雄黄（As_4S_4）、磁石、金牙（主要成分是铜）等经化学反应后升华而得到的。其中含有氧化砷、氧化汞，砷和汞都是剧毒药物，可以杀灭多种原虫和细菌，外用可以治疗皮肤病，内服能够治疗回归热和疟疾，而且具有健身作用。为了防止药物中毒，孙思邈还用以枣泥和制为丸的方法，同时在治疗功效不显著时采取逐步增量的服法，这与现代服用砒霜的原则相符。

南北朝时期"山中宰相"南梁陶弘景对《神农本草经》"药分三品计三百六十五种"的分类进行了扩充，复增汉、魏以下名医所用药三百六十五种，谓之《名医别录》，或称《本草经集注》，它"首叙药性之源，论病名之诊，次分玉石一品，草一品，木一品，虫兽一品，果菜一品，米食一品，有名未用三品"，除将药味增加一倍外，还改进了分类方法。他在《名医别录》中不仅收藏两汉至南宋期间名医增录的药物，而且记载了《神农本草经》所载药物的新用途。《名医别录》是总结两汉、魏、晋时期的药物学专著，其中所记槟榔等的药效以及书中所载本草附方，是现存文献中最早的记载。汞是烧丹的主要原料，陶弘景尝试了用汞炼制杀虫药物："水银还复为丹，事出仙经，酒和日暴，服之长生。烧时飞著釜上，灰名汞粉，俗呼为水银灰，最能去虱。"这里的汞粉、水银灰是指氧化汞。水银在空气中缓慢加热，会生成红色氧化汞，不过炼丹家们最初不能区分氧化汞与硫化汞，两者常被混淆，而统称为"丹""还丹"或"丹砂"。陶弘景指出这种汞粉能去虱，这是将氧化汞作为杀虫药物的先声。

各朝代都有本草著作，明代李时珍（1518—1593年）的《本草纲目》对我国古代本草学做了一次历史性总结。《本草纲目》载有药物1892种，无机药物266种。在化学知识水平上较前更有提高，按当时的化学知识归纳为四部七类，即火部、水部、土部和金石部；金石部下又有金、石、玉、卤四类。水部有各种液体及溶液43种；土部有各种土质及煅烧过的泥土共91种；金类包括一些金属及金属制品，合金及金属化合物，共28种；玉类有14种，主要是较纯的硅酸盐化合物；石类有72种，包括硅酸盐、不溶于水的其他天然盐类；卤类有20种，大部分是溶解于水的天然盐类。在无机药中出现了一些复杂的人工合成物，如轻粉（Hg_2Cl_2）、黄矾[$Fe_2(SO_4)_3$]等。关于轻粉制法，《本草纲目》卷九记载："升炼轻粉法：用水银一两、白矾二两、食盐一两，同研，不见星，铺于器内，以小乌盆复之，筛灶灰，盐水和，封固盆口，以炭打二炷香，取开，则粉于盆上矣。其白如雪，轻盈可爱。一两汞，可升粉八钱。"近人依其法可以进行重复模拟实验，主要成分为氯化亚汞（又名甘汞），具有杀菌作用。

第四节　能源

1. 炭

人类对火的利用和控制有利于照明、御寒、修制工具、加工食物、开垦土地。原始人烧制陶瓷采用树枝、柴草作为燃料。春秋时代，铁作为一种革命的角色进入了社会，从技术上讲，铜冶铸技术已经相当成熟，只需把炉温提高一些就可以冶炼出铁，而这只要把木柴换成木炭就可以了。古代真正大量利用木炭的历史，是在冶铜业兴起之后。随着冶铜业的出现，作为必备燃料的木炭需要通过专门的炭窑烧取。这种用炭窑烧取的炭，就是真正意义上的木炭。

古代冶铸的燃料，一开始是用木炭。以木炭熔铜，温度不再成为问题，铜的熔点为1083℃，但纯铁的熔点为1537℃，比熔铜所需温度高出454℃，用木炭要冶炼出铸铁是比较困难的。除了加大炉体和改进鼓风设施外，燃料的改进是至关重要的事。

随着商周青铜器的大量铸造以及春秋战国时期冶铁业的兴起，对木炭量与质两方面的需求亦随之增加，这就必然会引起烧炭技术的相应变革，这种变革的结果就导致了窑烧炭的出现。

与古人炊饭所遗灰烬中的余炭不同，燃料用炭是有意烧制的。明朝学者罗欣所著《物原》一书曾记载"祝融作炭"，祝融传说为帝喾时的火官，后被尊为火神。《国语·郑语》记载："夫黎为高辛氏火正，以淳耀敦大，天明地德，光照四海，故命之曰祝融，其功大矣。"《周礼·月令》记载："季秋草木黄落，乃伐薪为炭。"《周礼·天官冢宰》："凡寝中之事，扫除、执烛、共炉炭。"汉许慎在《说文解字》中讲明："炭，烧木也。"还说，"炭，烧木留性，寒月供然（燃）火取暖者，不烟不焰，可贵也。"其中"留性"一词颇为传神，说明炭是烧木所得，但又不是完全燃烧，还保留着木的特性。按当时之所谓"薪"，是指较大的乔木，而"柴"则是指扎成捆的小灌木。故上述"烧炭""作炭"，乃是以薪或原木烧成，而非以柴禾烧成。作炭、烧炭在周代已成为专门的职业，有专人从事，并专设掌管烧炭的官职，《周礼·地官》即云："掌炭：掌灰物、炭物之征令，以时入之。"要满足日用的不时之需，就要烧制大量的木炭。为满足社会对木炭的大量需求，仅有专人专职负责还不够，还要有制炭技术的改进配合才行，于是窑烧炭便应运而生。商周时的炭窑技术已渐趋成熟，并被普遍采用。中国较著名的炭窑有浙江缙云的鲤鱼窑、青田的瓜瓢窑、福建永泰的白炭窑等。

工业用炭已不再用窑烧法，而采用干馏法。司马迁《史记·外戚世家》记载："（窦太后）弟曰窦广国，字少君……至宜阳，为其主入山作炭。寒，卧岸下百余人。岸崩，尽压杀卧者，少君独得脱不死。""积炭"堆放过高引致崩塌，而木炭则不同，无论是原始的堆烧法，还是窑烧法，所得之炭尽管较原来木头为轻，但仍保留原木的长条形。这些长条形木炭烧成后，为免过多吸湿并易于目测炭堆体积，通常要码放堆高成正方体或长方体形，但木材各方向热收缩率不同，致使木炭易生裂纹，影响强度，加之木炭沿纤维横向抗压强度仅及纵向抗压强度的六分之一到四分之一，当码放的木炭堆放过高时，便会因其中某些木炭断裂而致整个炭堆倒塌。人若正好处在倒塌的木炭堆下，坍塌事故便会发生。古代作炭多在深秋，正如《周礼·月令》所说"季秋草木黄落，乃伐薪为炭"。当炭烧成并码放堆好时，已是天寒用炭之际，炭可用来吸湿取暖、建水井、入药等。

考古发掘表明，中国青铜器发展达到了一个相当的高度，我国出土了大量精美的商周青铜器，而神仙方术士的炼丹术也是在这一时期兴起的，木炭的大量生产和使用，无疑为炼丹术的产生和发展提供了必要的条件。唐段成式《酉阳杂俎》："赤白柽，出凉州，大者为炭，复入灰汁，可煮铜为银。"木炭的稳定性很好，因此考古时常发现木炭。道士对此亦早有认识，葛洪《抱朴子内篇·至理》中说："陶之为瓦，则与二仪齐其久焉；柞柳速朽者也，而燔之为炭，则可亿载而不败焉。"陶弘景《登真隐诀》记载："青州、安丘、卢山有木，烧成炭，便永不尘耗焉。"木炭这种不败不耗的性质，正与丹药能使人不朽不死的性质相似。在道士的观念中，若以炭炼丹，则炭的不朽性质就可移入丹药，人服食了这种丹药，其中的不朽的性质即可汇入身体，进而不死成仙，这也是道士用炭炼丹的原因之一。

自商周出现窑烧法后，炭化的条件得到有效控制，在增加所获木炭数量的同时，木炭的质量亦有相当提高。随着窑烧法的出现，按烧炭工艺的不同，又有白炭和黑炭的区别：当薪材于窑内炭化后，并不即刻出炉，而是将炭在窑内隔绝空气冷却，如此所得的炭称为黑炭；将炽热的木炭自窑内取出与空气接触，利用热解生成的挥发物燃烧时产生的高温进行精炼后，再行覆盖冷却，此时的炭不仅硬度较高，而且表面附有残留的白色灰分，故称之为白炭。因白炭在窑外又燃烧了一次，炭的重量相对较轻，故价格也较黑炭为贵。据《钦定大清会典》载："每白炭千斤，准银十两五钱；黑炭千斤，准银三两三钱。"在世界范围内，只有中国、朝鲜和日本有白炭的烧制工艺，且后二者的工艺都是从中国传过去的。

据史料记载，晋代已经将白炭用于医药，葛洪《肘后备急方》卷三记载："取独父蒜于白炭上烧之，末，服方寸匕。""方寸匕"为古代量取药物的量具。又指出"误吞钱，烧火炭末，服方寸匕即出。"唐陈少微《七返灵砂论》亦云："于糠火中烧三七日，然后白炭武火烧三日。"烧武火时用白炭，说明白炭燃烧时温度较高，有利于丹药的生成。黑白二炭外，又有所谓"瑞炭"，据唐《开元遗事》载："西凉国（400—420年）进炭百条，各长尺余。其炭青色，坚如铁石，名曰瑞炭。烧于炉中无焰而有光，每条可烧十日，热气逼人而不可近。"唐时还有称为"麸炭"的品种，宋陶穀在《清异录》记载："唐宣宗（847—859年在位）命方士作丹，饵之病。中热不敢衣绵拥炉，冬月冷坐殿中。宫人以金盆置麸炭火少许进御，止暖手而已。禁闼因呼麸炭为星子炭。""麸炭""桴炭""浮炭"实为一物，"桴炭"者，为家中炉灶所取之炭，此炭质轻，投水则浮。《清异录》还记载："金刚炭有司以进，御炉围径欲及盆口。自唐宋五代皆然。方烧造时，置式以受柴，稍劣者必退之。小炽一炉，可以终日。"宋代于薪炭外，又有所谓的竹炭，宋陆游在《老学庵笔记》中记载："北方多石炭，南方多木炭，而蜀又有竹炭，烧巨竹为之，易燃无烟耐久，亦奇物。邛州出铁，烹炼利于竹炭。皆用牛车载以入城，予亲见之。"宋李昉在《太平御览》中记载："善煅人炼好铁，生铤合炼成，令得八觔（同斤）为足也。若欲穷其精理，当用竹炭。"竹炭较白炭温度更高，用竹炭才能炼质量更好的铁器。

中国古代所制木炭，除烧制方法（主要为堆烧法和窑烧法）及种类（白炭、黑炭、瑞炭、麸炭、炼炭、金刚炭、桎炭、竹炭等）不断变化外，至晋代，在炭的后期加工利用技术上，又有了进一步的提高，制成塑炭。宋王谠在《唐语林》中记载："晋羊绣，字稚舒。景献皇后从弟，性豪侈。洛下少林，木炭贵如粟。绣乃捣小炭为屑，以物和之，作兽形，用以温酒。火热，猛兽皆开口向人，赫赫然。诸豪皆效之。"五代王仁裕的《开元天宝遗事》揭秘："杨国忠家以炭屑，用蜜捏塑成双凤。至冬月燃则于炉中，及先以白檀木铺于炉底，余灰不可参杂也。"即是用蜂蜜作黏合剂与炭屑搅拌捏塑成凤型制品。宋代发明"黑太阳法"后，进一步解决了塑形炭黏合剂昂贵的问题。宋陶穀在《清异录》载："黑太阳法出自韦郇公家。用精炭捣治作末，研米煎粥溲和得所。豫办圆铁范，满内炭末，运铁面锤实，击五七十下出范阴干。范巨细若盏，口厚如两饼馂。盛寒炉中，炽十数枚，烘然彻夜。晋人'兽炭'岂此类耶？"宋叶廷珪《海录碎事》卷六记载："兽炭曰炭虬。"明吕毖在《明宫史》中记载："厂中旧有香匠，塑造香饼兽炭，又塑造将军或福判仙童钟馗。各成对偶，高二尺许，用金彩装画如门神。黑面黑手，以存炭制。名曰'彩妆'。于十二月二十四日奏安于宫殿各门两旁，此亦岁暮植'将军炭'于门旁之遗意也。至次年二月初二日，仍抬归本厂修补装新，临年节再安。"说明当时已有以炭作门神造型的年俗。

木炭孔隙甚多，与空气接触面大，有利于燃烧，并因此具有相当大的吸水能力，能吸附较其本身重量还多的水分。由于炭的憎水性，古人还将其用于棺椁的防潮防腐上，宋黎靖德在《朱子语类》载，下葬时"只纯用炭末置之椁外，椁内实以和（河）沙、石灰。或曰可纯用灰否？曰：纯灰恐不实，须杂以节过沙。久之灰、沙相乳入，其坚如石。椁外四围上下一切实以炭末，约厚七八寸许，既辟湿气，免水患，又截树根不入。树根遇炭，皆生转去。以此见炭灰之妙。盖炭是死物无情，故树根不入也"。1978年在湖北随县发掘的战国早期墓葬曾侯乙墓中，墓坑内、木椁顶部和木椁四周与坑壁空隙之间就发现了随葬的约十多万斤木炭，而在发掘的其他许多墓葬中也都有类似情形，说明古代墓葬确曾普遍采用木炭作为防腐材料。木炭还被古人用于生物防治上。明郎瑛在《七修类稿》中记载："蘂杉木炭画路，则蚂蚁不敢过矣。"又用木炭筑城，宋魏泰在《东轩笔录》卷八中记载："熙宁中（约1077年），吕公弼帅河东令勾当公事，邓子乔往相其地。子乔曰：古有拔轴法，谓掘去抽沙而实炭末，墐土即其上，可以筑城，城亦不致复崩矣。"自宋以来，炭的另一重要用处是在军事上制作火药，民间有所谓"一硝二硫三木炭"之说，木炭因此成为推动社会进步的重要物品。此外，木炭在古代绘画、化妆、制香等行业中亦有广泛用途。

2. 煤

中国古人用煤的历史很悠久，可联系到女娲炼石补天的传说：远古时候，天塌地陷，大火燃烧不灭，洪水泛滥不止，猛兽凶禽到处噬食人类。女娲这位神话中人类的始祖，为了拯救大地，在大荒山无稽崖炼成高十二丈、见方二十四丈的五彩石三万六千五百零一块，修补了不齐整的天庭，也修补了后来被共工撞塌的西北天、蹬陷的东南地。女娲补天用去三万六千五百块五彩石，剩下一块被演绎为通灵宝玉。女娲炼石的传说开中华民族煤炭文化之先河，女娲烧煤的遗址在山西平定县城北五十里的东浮山上。东浮山周围地区的露头煤历史久远，随处可见。

明代嘉靖年间，翰林院学士、山西提学副使陆深深入民间，就女娲炼石补天遗灶的传说遍询当地土人、耆宿和学士大夫，同时又考察了平定一带民间烧旺火"补天"的壮观场面，陆深在《河汾燕闲录》中得出结论："石炭即煤也。东北人谓之楂，南人谓之煤，山西人谓之石炭。平定所产尤胜，坚黑而光，极有火力。史称女娲氏炼五色石以补天，今其遗灶在平定之东浮山，予谓此即后世烧煤之始。"

远在几千万年至几亿年以前，地球上的陆生植物在地面死亡，遇到空气中的喜氧细菌进行分解，变成二氧化碳、水和甲烷等，尔后腐败，除了生物化学性质稳定的部分（如树脂）被保留下来以外，植物的其他部分都被分解掉了。植物在积水的沼泽里，隔绝空气，虽然也受到厌氧细菌的作用，但作用很缓慢。这些植物没有腐烂却在长时期内被泥炭化了。由于受地壳升降和地质构造等的影响，在长期的地温、地压作用下逐渐变成煤。

将植物变成煤的作用过程分成两个阶段：前一个阶段是泥炭化以前的腐殖化过程，这一阶段主要是生物化学作用；后一个阶段是指泥炭被埋在地层深处，经过地热、地压干馏的煤化过程，在这一过程中，地球化学起主要作用。从过程看，干馏在工业上 500～1200℃ 的温度条件下需要 20 小时左右，而地质上的煤化作用是在 200～400℃ 的地热条件下经过几千万年至 2 亿年的漫长时间。时间越长，煤的变质程度越高，表现在煤中的碳增多，而氢、氧减少。石炭纪是研究成煤的地质年代名称，因英国大煤田很多煤层都是在这一时期形成而得名，石炭纪距现在约有 3.5 亿—2.8 亿年。从各地区煤的生成时期看，北美和欧洲的煤多生成于石炭纪，亚洲的煤多生成于石炭纪、二叠纪至侏罗纪。这个时代是地球上的许多地区生长着大森林的时代，地球上气候温暖湿润，植物茂密。当然，煤不仅仅生成于石炭纪，在地质上的其他时代都有煤形成，如二叠纪、三叠纪、侏罗纪、白垩纪、第三纪，而我国侏罗纪煤的储量比石炭纪煤还多，即在约 2000 万—5 亿年以前的地质时期内都有煤的生成。

由考古证实，用煤做燃料的历史可上溯到六七千年前的新石器时代，1973年，考古工作者在沈阳北陵附近的新乐遗址下层，就发现了用煤精磨制的制品多件，有文字记载的可见于两千五六百年前的春秋战国时期的我国地理名著《山海经·西山经》："女床之山，其阳多赤铜，其阴多石涅。"《山经·中山经》中有"女几之山，其上有石涅"和"风雨之山，其上有白金，其下多石涅"的记述。当时称煤为石涅。女床之山在陕西凤翔，女几之山在四川双流。至迟在西周，我国已经能够采煤和用煤做燃料，《水经注·河水篇》说："屈茨北二百里有山，夜则火光，昼日但烟，人取此山石炭冶此山铁，恒充三十六国用。"屈茨即龟兹（今新疆库车），这是用煤炼铁的明确记载。两汉时期是我国用煤史上的一个繁荣时期。汉元狩三年（公元前120年），汉武帝养精蓄锐准备攻打昆明，为了便于实地模拟演练水师，便在长安城西南就地开凿三百三十二顷、周围四十里、深数十丈的昆明池。在掘昆明池时，曾经挖出一种黑土。达黑土层可能是有记载以来的碎屑煤层的首次出现。《三辅黄图》（卷四）在引用张衡《西京赋》"昆明灵沼、黑水元址"句子，并记载说："武帝初，穿池得黑土。帝问东方朔，东方朔曰，西域胡人知。乃问胡人，胡人曰：劫烧之余灰。"汉代用煤、木炭和木柴进行冶炼，已为出土遗物所证实。河南巩义市铁生沟西汉中期冶铁遗址不仅发现有煤块，而且还发现有煤饼。煤饼是由煤羼黄土加草制成的方形砖，为了适应不同类型的使用需要将散煤加工为型煤，河南巩义市铁生沟汉代冶铁遗址曾经出土了大量形状不规则的煤饼。遗址旁的配料池还留存着制造煤饼而贮备的原料，比例为1∶4的石子与煤。

　　汉代以后，我国的煤炭成型加工无论是在制作或利用上都有了新的发展，至迟到南北朝时期，又出现了一种别具风格的特殊煤饼，即香煤饼。到了唐代，出现了把煤炭预热加工去掉烟气的技术，开启炼焦炭技术的先河。宋代，用煤更加普遍，已是"汴京数百万家，尽仰石炭，无一家燃薪者。"宋代煤炭成型加工进一步发展，宋代大诗人苏轼关注开发煤炭，苏轼在《石炭》（南宋庄绰《鸡肋编》）一文中记述："彭城旧无石炭，元丰元年十二月始遣人访获取于州之西南白土镇之北，以冶铁作兵，犀利胜常云。"宋代使用煤砖逐步增多，香煤饼的使用更为普遍。欧阳修在《归田禄》中曾提道："香饼，石炭也。用以焚香，一饼之火，可终日不绝。"明杨慎在《升庵外集》卷十九中披露一种香煤饼的制作工艺："发香煤也，益捣石炭为末，而以轻纨筛之，欲其细也。以梨汁合之为饼，置于炉中以为香籍，即此物也。"香煤饼制作麻烦，费工费时，惟质优价高，成为少数文人雅士、官宦人家的专用品。宋应星在《天工开物》中提道："铁炭，用以冶锻，入炉先用水沃湿"，以水湿煤更好烧，是劳动人民在实践中得出的经验，并名之曰水火炭。明李诩在《戒庵老人漫笔》卷五中记载"辨水火炭"："北京诸处多出石炭，俗称水火炭。炭之和水而烧也……或疑水火炭者非。"水火炭即水和炭，炭之和水，使燃烧均匀，火力旺盛。

　　古代的人们还从嗅觉、视觉和触觉来辨别煤的品种。清乾隆年间，山西《翼城县志》卷二十二记载，翼城的煤"有香臭软硬之殊"。明嘉靖年间，《彰德府志》称："安阳县龙山出石炭……炭有数品，其坚者谓之石，软者谓之烸（hǎi），气愈臭者，燃之愈难尽。"古人所谓臭煤，是因煤中合硫，燃烧后常有刺鼻的臭味。明代方以智《物理小识》载："煤则各处产之，臭者，烧熔而闭之"，并说："今山东颜神镇烧玻璃采诸石，以礁化之，即臭煤也。"李时珍的《本草纲目》也讲到煤："有大块如石而光者，有疏散如炭末者，俱作硫磺（通'黄'）气。"这里明确指出，煤之臭源自硫黄气。人们还从含硫较多的煤或煤矸（gān）石中提炼硫黄。清雍正年间《泽州府志》载："其产（硫碘）陵川者，皆于臭煤石液中取出。"除了根据煤的气味划分种类，人们还因煤的颜色差异，将煤分成白煤、黑煤、黄煤、青煤数种。据《元一统志》载："石炭煤，出宛平县西四十五里大谷（峪）山，有黑煤三十余洞。又西南五十里桃花沟，有白煤十余洞。"

现在，人们根据成煤过程中煤的不同变质程度而将煤分为无烟煤、烟煤、褐煤。变质程度最高的是无烟煤，金属光泽，闪闪发亮，质地细腻均一，用手去摸，也不会污染手指。古文献中所记白煤、煝炭、铁炭等种类均类似于无烟煤。山西晋城矿区所产煤炭表面如镜，光可鉴人，燃烧时无色无味，火焰呈蓝色，故以"兰花炭"的美称而享誉海内外，曾被英国女王选为壁炉的上品燃料，"兰花炭"也为一种无烟煤。烟煤的光泽变化范围较大，从暗淡、半暗、半亮到光亮的都有，其发热量较高。烟煤的品种很多，根据变质程度，它又可分为贫煤、瘦煤、焦煤、肥煤、气煤、长焰煤等，古文献所记的石炭，大多为烟煤。褐煤没有光泽或具有比较暗淡的蜡状、沥青状光泽，质地疏松。褐煤的前身是泥炭，是由植物的大量堆积分解而形成的，泥炭为黑褐色的淤泥状物质，干的泥炭则质地疏松。清道光年间《云南通志》卷七十所记，腾越州（今云南腾冲一带）有一种黑色海粪，居民"取之代薪"，可能就是泥炭之类。褐煤在地球压力、温度作用下内部结构和化学性质发生连续变化，变成烟煤。烟煤在地球的压力和炽热的温度下，继续变化，就变成无烟煤。无烟煤、烟煤、褐煤、泥炭同属于腐殖煤，与腐殖煤并列的还有残殖煤。残殖煤是很不容易分解的高等植物的"稳定组分"残积而成，具有油脂光泽、韧性大、含油率比较高等特点。腐殖煤与残殖煤同是由高等植物生成的煤。与腐殖煤类并列的有腐殖腐泥煤类和腐泥煤类。腐殖腐泥煤类是由藻类等低等植物和某些高等植物的残体联合组成。如山西浑源、大同等地所产的烛煤，其结构致密、韧性大、易点燃，能发出像蜡烛一样明亮的火焰。辽宁抚顺所产的"煤精"就是一种腐殖腐泥煤，是很好的雕琢工艺美术品的原料。腐泥煤类，又谓之藻煤、胶泥煤等，是由低等植物同泥土类植物生成的煤，腐泥煤的数量很少。腐殖煤除根据成煤过程中煤的不同变质程度而分类外，还可根据其在工业方面的用途分为动力煤、冶金煤、化工煤等类别。

中国煤炭业的发展在宋元时代达到高峰，煤产量和开采技术处于世界领先水平。宋时的杭州城人口已有百万之多，伴随着城市经济的发展，与百姓生活和城市经济息息相关的燃料问题便被提到重要的位置。仅靠柴薪已经远不能满足生活的需要，一些地方甚至出现柴荒的问题，于是统治者便把目光投向了煤炭，并对煤炭生产实行控制和引导。起始于宋代完善于元代的煤炭官营制，表明政府对煤价值的认同，煤已成为社会经济文化发展的重要推动力。北宋的煤炭官卖制度下，煤和盐、酒茶等一样，成为国家财政收入的重要来源。《宋史·官职志》记载，北宋政府管理煤炭的基层机构是务和场，务是石炭税收和监督机构，石炭场则是设官掌管"受纳出卖石炭"的机构。

南宋建炎年间，文学家朱弁（biàn）曾以通问副使的身份出使金朝，赴云中（现山西大同）16年，描写过大同地区的煤炭："西山石为薪，黝色射惊目。方炽绝可迩，将尽还自续。"从诗中可以看出，当时大同地区的煤炭已经在为人广泛利用了。朱弁在《曲洧（wěi）旧闻》卷四中就曾说过："石炭用于世久矣。然今西北处处有之，其为利甚博。"明代王圻（qí）在《续文献通考》中记载，元朝成宗大德元年采取措施"禁权豪僧要及各位下擅据矿炭山场"，打击不法之徒，以保护煤炭生产，例如对煤炭生产所占之地，不得阻挠或勒索。元末权衡所著《庚申外史》记载："其经行地面，所在官司及各处军民诸色人等，并不得遮当（通'挡'），如违规，申复（通'覆'）制国用使司究问施行。"这些措施在一定程度上起到了保护煤炭生产的作用。

古人曾按形状、块粒度将煤分为明煤、碎煤、末煤，粒度不同的煤，用途也不一样。《天工开物》卷十一《燔石篇》："明煤大块如斗许，燕、齐、秦、晋生之。不用风箱鼓扇，以木炭少许引燃，煻（rǎn）炽达昼夜。其旁夹带碎屑，则用洁净黄土调水作饼而烧之。碎煤有两种，多生吴楚。炎高者曰饭炭，用以炊烹，炎平者曰铁炭，用以冶锻。入炉先用水沃湿，必用鼓鞴而后红，以次增添而用。末炭如面者，名曰自来风，泥水调成饼，入于炉内，既炽之后，与明煤相同，经昼夜不灭。半供饮馔、半供熔铜、化石、升朱，至于燔石为灰与矾、硫则三者皆可用也。"宋应星还观察到煤的发热量和煤火性能，从性质来看，有的煤"其火文以柔"，能用于"房阃（tà）围炉"；有的煤"其火武以刚，以锻金冶陶"，"铁炭，其火性内攻，焰不虚腾"，所谓铁炭系指无烟煤，是一种有利于冶锻的优质煤种。在煤炭开采方面也形成了井筒开凿、巷道部署、矿井运输、通风、排水、照明等独创性的古代煤炭科学技术。

3. 石油

石油和天然气是由碳和氢两种化学元素构成有机化合物，也称之为烃（tīng）。关于石油形成的有机生成学说认为，现代埋藏于地下的石油是古代生物的遗骸在浅海、海湾、内陆湖泊等地沉积下来，并被新的沉积物迅速埋藏起来，使这些有机物质不被氧化而保存下来，随着上部沉积物的不断增厚，温度和压力的升高，有机物质便在一定的温度、压力条件和特殊的环境下，经过复杂的物理化学变化，最后转变成石油和天然气。石油是在生油层中生成的，所以形成油气藏必须首先有生油气层。一般认为，生油气层是那些较厚的暗色黏土质和石灰质的岩层。这种岩层比较致密，生成的油气也比较分散，所以很难形成有开采价值的油层。油气是可以流动的。在共存水的重力分异和一定压力的作用下，油气流出生油层，被运移到别的地层储油层中去。储油层具有大量的空隙空间，可以容纳较多的油气，形成油气聚集。疏松的多孔砂岩、具有裂缝和溶洞的石灰岩等，都是很好的储油层。石油储集到储油层以后，如果储油层的上面覆盖的地层属于多孔、渗透性地层，或有裂缝、溶洞，或者上面没有致密地层覆盖，那么油气就会跑出地面或流失到其他地层中去，则形不成油藏。所以形成油藏还需在储油层上部有致密的盖层，盖层一般是致密的黏土层、泥岩、页岩层。

中国是世界上最早发现和使用石油的国家之一。中华民族从有历史记载的西周开始，在石油与天然气地质、钻井、开采、收集、运输和应用上都有过创造与发明。公元前11世纪—公元前8世纪的西周年间已有石油自燃现象的记载，《易经》中有"泽中有火""上火下泽"的记载，是石油蒸气在湖泊池沼水面上起火现象的描述，反映了在大自然中油气苗燃烧的现象，并被当时的人们赋予了浓厚的神秘色彩，用作占卜吉凶。公元前3世纪—公元前1世纪，战国时期的李冰在四川兴修水利、钻凿盐井。而后在临邛（今邛崃）的盐井中发现了天然气，称之为"火井"（《华阳国志》）。秦代开始凿井取气煮盐，"临邛火井一所，纵广五尺，深二三丈"，"先以家火投之"，再"取井火还煮井水"。据载此法效果大，省事简便，"一斛水得四、五斗盐"，比家火煮法，得盐"不过二、三斗"，显然火井煮盐成本低，产量高，是手工业的一项重大发展。公元前 61 年，西汉宣帝即位时，在陕西鸿门（神木市）发现天然气井，并立"火井祠"（《汉书·郊祀志》）。公元前 53 年—公元 18 年，西汉文人杨雄著《蜀都赋》，把火井列为蜀都的一大名胜。这是今日所见到的关于我国天然气井的最早文字记载。1—2 世纪，东汉时期，"蜀始开筒井，用环刃凿如碗大，深者数十丈"。四川成都出土的东汉画像砖中"煮盐像"，描绘出我国当时利用天然气熬盐的情景。东汉史学家班固在其所著的《汉书·地理志》中第一次记载了陕北三延（延安、延长、延川）地区的石油，书中写道："高奴县有洧（wěi）水可燃。"高奴县指现在的陕西延安一带，洧水是延河的一条支流。《汉书·地理志》记载："定阳，高奴，有洧水，肥可蘸。""肥"指的是水面浮油层比较厚，"蘸"指的是用羽毛采集水面浮油。《太平广记》记载：公元 2 世纪，东汉顺帝在位期间，在四川陵州（仁寿县）钻凿盐井时遇天然气。3 世纪，西晋张华所著《博物志》中，第一次记载了酒泉、玉门一带油苗燃烧的"火泉"。《博物志》一书既提到了甘肃玉门一带有"石漆"，又指出这种石漆可以作为润滑油"膏车"（润滑车轴）。

最早采集和利用石油的记载，是南朝范晔所著的《后汉书·郡国志》。此书在延寿县（指当时的酒泉郡延寿县，即今甘肃省玉门一带）下载有："县南有山，石出泉水，大如笛簇，燃之极明，不可食。县人谓之石漆。"石漆当时即指石油。北魏延昌年间（512—518 年），鲁阳（今河南鲁山县）太守郦道元所著《水经注》中，对玉门和延长的石油及其应用都有记述。557 年，南北朝北周时期，把四川临邛命名为"火井镇"。后梁时，就有把"火油"装在铁罐里，发射出去烧毁敌船的战例。唐代李杏甫的地理专著《元和郡县志》记载，578 年，北周武帝宣政年间，突厥进攻酒泉，酒泉人用石油焚烧了进攻者攻城的武器和工具，取得了胜利。这是把石油用于军事的最早战例。唐朝段成武《酉阳杂俎》称石油为"石脂水"："高奴县石脂水，水腻，浮上如漆，采以膏车及燃灯极明。"1044 年，北宋曾公亮《武经总要》一书中，第一次记载了含有石油沥青的火药配方和火攻武器"猛火油柜"，以及设在京都开封的原油粗炼加工车间"猛火油作"，该车间主要制造石油燃烧武器。《续资治通鉴》记载，北宋太祖开宝八年，朱令赟在一次援助南京的水战中，使用了石油进行火攻。北宋科学家沈括（1031—1095 年）在其所著《梦溪笔谈》中第一次提出"石油"这一名称，对延长石油的产状和用途，作了详细的论述。沈括（1031—1095 年）浙江杭州人，生于宋明道元年的官宦家庭，他的父亲沈周当过福建泉州、河南开封、江苏南京、四川成都等地的知府，使得沈括有机会走过全国许多地方，见识开阔。沈括在福建泉州时，听说江西铅山县有一泓泉水不是甜的，而是苦的，当地村民将苦泉水放在锅中煎熬，熬干后就得到了黄铜。他不远千里来到铅山县，看到了村民"胆水炼铜"的过程，并在《梦溪笔谈》中记录下来。这是我国有关"胆水炼铜"的最早记载。"胆水"就是亚硫酸溶液。村民将"胆水"放在铁锅中煎熬，生成了"胆凡"，"胆凡"就是亚硫酸铜，亚硫酸铜再在铁锅中煎熬，与铁产生了化学反应，就分解成铜与铁。宋元丰三年（1080 年），沈括 50 岁出任陕西延安府太守，在西北前线对抗强敌西夏的入侵。他在紧张的军旅生活中，仍不忘考察民间开采石油的过程，在《梦溪笔谈》中他记录了石油的存在状态与开采过程："鄜（fū）延境内有石油，旧说高奴县出脂水，即此也。生于水际，沙石与泉水相杂，惘惘而出。土人以雉尾挹之，乃采入缶中，颇似淳漆，燃之如麻，但烟甚浓，所沾幄幕皆黑。矛疑其烟可用，试扫其烟以为墨，黑光如漆，松墨不及也。遂大为之，其识文为延川石液者是也。此物后必太行于世，自予始为之。"他认为石油储量巨大，"盖石油至多，生于地中无穷，不若松木有时而竭。今齐、鲁间，松林尽矣，渐至太行、京西、江南，松山大半皆童矣，造煤人盖未知石烟之利也。石炭烟亦大，墨人衣，予戏为《延州诗》云：'二郎山下雪纷纷，旋卓穹庐学塞人。化尽素衣冬未老，石烟多似洛阳尘。'"沈括第一次为"石油"命名，并亲自用石油烟尘制作了"延川石液"名墨。他关于石油将在社会中大量应用的预言也为世界历史所证实。1116 年，北宋药物学家寇宗奭（shì）所撰《本草衍义》记载了石油制药的用途，谓可为疗疮医疾之用。12—13 世纪，在我国西北边防出现了为备战需要而挖掘的土油池。康誉之所著《昨梦录》记载，北宋时期，西北边域"皆掘地做大池，纵横丈余，以蓄猛火油"，用来防御外族统治者的侵扰。南宋诗人陆游（1125—1210 年）在《老学庵笔记》中记载了在延安用石油制蜡烛的情形。宋代石油加工成固态石烛，且石烛点燃时间较长，一支石烛可顶蜡烛三支。公元 13 世纪，南宋时期文学家周密（1232—1298 年）所著《志雅堂杂抄》记载了用沥青做黏合剂补缸的用途。1303 年，元成宗大德七年成书的《元一统志》中，记载了陕西延长、永坪、宜君等地的石油井，"延长县南迎河有凿开石油一井，其油可燃，兼治六畜疥癣，岁纳一百一拾斤"，所得之油均存入延安的"延丰油库"，这是关于我国油库和油井的最早记载。

14 世纪，明洪武年间，在延安对石油进行粗加工，提炼成灯油。1461 年《大明一统志》第一次记载了广东南雄地区的油田，"南雄府油山，在府城东一百二十里，高数千仞，其势突屹，旁有一穴出油，人多取以为利。"明正德年间（1506—1521 年），在四川的嘉州（今乐山）、眉州（今眉山）、青神、井研、洪雅、犍为等县，已有一批采油井（明曹学佺《蜀中广记》）。1578 年，明代医药学家李时珍在《本草纲目》中详细地记载了石油的性质、功能、医药用途和产地。《本草纲目》记载，石油可以"主治小儿惊风，可与他药混合作丸散，涂疮癣虫癞，治铁箭入肉"。

17 世纪，清康熙年间，台湾省嘉义关子岭地区出现了油气苗。据《台湾府志》载："从山石隙缝中如泉涌出，点之即燃，火出水中，水火同源，蔚为奇观。"清朝咸丰十年，台湾新竹县发现了石油，人们挖坑三米，每天收集六公斤左右石油，并用其点燃手提马灯。清高宗乾隆（1711—1799 年）曾写"火井诗"一首："羲之广异闻，火井欲其示……凿井如置产，恒引供烹饲。亦可用煮盐，盐井则别异……"（《四川盐法志》）。清朝末期，由于国内不能大规模生产工业、交通、生活所需要的石油加工燃料，自清朝同治六年（1867 年）开始有洋油（煤油）输入，专供外侨点灯使用，年输入 3 万加仑左右。此后因觉得煤油比植物油好用，"洋油"需求迅速增加，清同治九年（1870 年）全国进口"洋油"28 万加仑，光绪六年（1875 年）增至约 500 万加仑。清末曾计划开发延长油矿，延长油矿毗邻县城西门，在长安北偏东约 400 公里，有公路可通，南临延河，北负高山，形势雄胜。清光绪二十九年（1903 年）本地士绅与德国人汉纳根订立合同，拟行试探，经省政府反对作罢。光绪三十三年（1907 年）由省政府设立延长石油厂，聘请日本技师开第一井，清宣统三年（1911 年）开第二第三两井。1912 年开第四井。1914 年由中国人主持工程，此后在 20 多年中共凿 12 口油井，有三井见油，油矿加以炼制销售。

在近代石油勘探和采炼上有所开拓的是玉门老君庙油矿。玉门油矿位于甘肃玉门境内河西走廊西部的嘉峪关外，祁连山北麓的戈壁滩上，气候变化异常，冬季奇冷无比，海拔 2400 米至 2700 米，面积 1700 多平方千米，是我国最早开发的油田之一。我国古代就发现玉门有石油，早在南北朝时，当地居民就掘取、存储石油、烧炕、膏车等，用于照明、润滑、除草。近代地质学家孙健初、严爽、靳锡庚等人不相信"中国是个贫油国"的结论，顶着巨大的压力来到"地上不长草，空山不见鸟，风吹石头跑"的石油河畔，开始了玉门油矿的艰苦创建工作。1928年甘肃省进行石油专门调查。"石油河两岸般冲成深谷……山东城红色页岩下亦有墨色石油流出，油质颇浓厚，因名干油泉。"1937年6月，中国煤油探矿公司筹备处组成西北地质试探队，1938年10月国民政府在汉口成立甘肃油矿局筹办处，后改称中国石油公司甘青分公司。1939年3月13日，在玉门老君庙油矿开采第一号井，3月27日开采出油。到1943年先后钻井10余口，平均年产原油40万吨。因在老君庙前打出油井，玉门油矿也被命名为老君庙油田。但其开发效率极低，钻井、炼油设备也很简陋。1939年至1949年9月，玉门油矿共生产原油近五十万吨，占同期全国石油总产量的90%以上，是新中国成立以前规模最大、职工人数最多、工艺技术领先的石油矿场，也是当时西北唯一的油矿。据统计，从1904到1945年间，旧中国累计生产原油278.5万吨，而此期间共进口2800万吨原油，到1949年全国炼油厂的原油加工总量只有11.6万吨；石油产品产量只有8万吨，其中汽、煤、柴、油四大类油品（汽油、煤油、柴油、润滑油）产量只有3.5万吨，石油消费基本靠进口。新中国成立后，我国石油工业得到快速发展。"一五"计划期间，原油产量年均递增27%。"二五"计划期间，在东北、华北、西南几大盆地进行区域性堪探，1960年大庆油田投入开发，1964年相继发现山东胜利油田和天津大港油田，1965年我国原油产量达到1131万吨，原油产品全部自给，彻底结束了依赖"洋油"的历史。

第三章
近代典型化工产业文化

第一节　重化工业

1. "永久黄"工业体系

远古时期人们已经认识到碱类物质的性质，东汉许慎所著的《说文解字》曾记载："天生曰卤，人生曰盐。"所谓"卤"是盐与碱的天然混合物。中原人用的碱取自于煅烧过的草木灰，明末张自烈《正字通》解释说："俗以灶灰淋汁曰碱水，去垢秽。"江汉棉花生产地区，当地居民"将花壳烧成灰，用沸水浸泡沥滤，弃渣取汁，倒入瓮中，封口经一周则成灰碱。"据清嘉庆《汶志纪略》和清同治《酉阳直隶州志》记载，数百年前，民间已采蒿蓼之属，烧灰浸水熬碱，形成块状或液体。以桐籽壳为原料制成者为桐碱，以植物篙干灰为原料制成者为草碱等，其成分大致为碳酸钾，属人造碱。清代名医吴仪洛在《本草从新》中注明了碱的使用价值："碱辛苦涩温，消食磨积，去垢除痰，治反胃噎膈，点痣靥疣赘……发面浣衣多用之，取蓼蒿之属，浸晒烧灰，以原水淋汁，每百斤入粉面二斤，则凝定如石。"

我国很早就发现了碱的食用价值，食用碱是指有别于工业用碱（NaOH）的纯碱（碳酸钠），也包括由纯碱的溶液或结晶吸收二氧化碳后制成的小苏打（碳酸氢钠）粉末。纪念屈原的"角黍"即后人称的"粽"就是用"碱水"与糯米做成。此外，在中西部地区人们惯用的面食加工中，面食是由老面发酵，含较多的嗜酸菌，诱发食品酸味，为中和酸味，碱被派上了用场。

天然碱的利用在我国有悠久的历史，有史可查的在夏商建都河洛时即用天然碱，而河套平原在秦汉建郡时已是天然碱产地，内蒙古天然碱的开采历年不衰。《本草纲目》记载："鹺音有二，音咸者，润下之味；音减者，盐土之名。后人作鹻、作鹸（碱）是矣。"还指出卤碱在"山西诸州平野，及太谷榆次高亢处，秋间皆生卤，望之如水，近之如积雪。土入刮而炼之为盐，微有苍黄色者，即卤盐也。……凡盐未经滴去苦水，则不堪食。苦水，即卤水也。卤水之下，澄盐凝结如石者，即卤碱也。"天然碱亦称"碳酸钠石"，化学成分为$Na_2CO_3 \cdot NaHCO_3 \cdot 2H_2O$，一般含少量硫酸钠、碳酸氢钠和氯化钠等，单晶体呈板状，常成无色、白色或黄色的结晶质皮壳，是盐湖的化学沉积物。可作洗涤剂，也可用以提取纯碱。世界纯碱总产量中，有三分之一左右来自天然碱。我国天然碱因产地不同而有口碱与泰康碱之分。华北、西北一带盐碱湖星罗棋布，冬天湖面冰封时结出的碱霜或采自湖中的结晶碱经熬制可加工成碱锭。这些碱锭大多在张家口、古北口集散，故称为"口碱"。泰康碱产于河南泰康县，该地黄河水中含有碱质，当地人引水入板面，以日光蒸晒，干后即得碱面，在邻近各省销售。第一次世界大战爆发后，欧亚交通梗阻，纯碱奇缺，上海、天津等城市的一些食品业和用碱工业由于买不到纯碱而被迫停产倒闭。1917年，吴次伯等人试验制碱成功，经人介绍与范旭东商谈办厂事宜。范旭东（1883—1945年），字旭东，名锐，湖南长沙人。青年时留学日本学习化学，1915年6月，范旭东集资5万元，在塘沽创办久大精盐公司。在洽谈中吴次伯在外国厂商胁迫下中途退出，英国汇丰银行又要挟财政部将用盐制碱特权给予英商，面临严峻形势，范旭东毅然亲自北上招股，决心担负起办厂重任。1917年10月，北洋政府批准永利原盐免税并通令在永利厂址百里内不得再设同类工厂。1918年11月，永利制碱公司在天津召开成立大会，募集银元40万。范旭东被董事会推选为总经理。范旭东求贤心切，认为"事业的真正基础是人才"，1921年他派陈调甫赴美考察，并委托他在美国物色人才，以高薪先后聘请了留美化工专家侯德榜和美国工程师李佐华，经过多年的技术钻研，终于解决了大规模制碱的一系列技术难题，使得永利于1924年8月开工生产。但6年的设计安装耗资160万元，产出的碱竟是红黑相间，像锅锈一般，碱厂被迫停工。侯德榜在美国几经周折，终于查明新制碱失败的原因是干燥锅品质太差，并买得新的干燥锅回国。1926年6月，永利碱厂重新开工，每日生产优质纯碱达30吨以上，1926年8月，"红三角"牌纯碱参加在美国费城举行的万国博览会，一举获得金质奖。"红三角"牌纯碱获奖后，永利碱厂的产品销路大开，产量不断增加。1926年纯碱产量为4504吨，1931年为23442吨，1936年为55410吨。范旭东热情提倡科学救国，对科研工作极其重视。1922年8月创办黄海化学工业研究社。由于当时资金困难，范旭东拿出办久大和永利的酬劳金来创办黄海，他坚决地说："我当了裤子也要办黄海。"范旭东形象地把近代工业比作长城，把科学研究比作长城的地基，以说明科研对近代工业的重要性。黄海初期的目标是协助永利和久大解决技术问题，后来又选择了其他切合国计民生的项目进行研究。

此后，范旭东又开始着手创办制酸工业。1929年1月，范旭东给实业部打报告，提出了以2000万元发展纯碱、硫酸、合成氨、硝酸等工业的计划。1933年11月，克服了重重阻力，范旭东正式呈文政府备案承办硫酸铔（铵的旧译）厂。1934年4月，范旭东委派侯德榜等人赴美考察，引进硫酸铔厂技术设备。经过两年筹建，1936年被批准为特许公司。1937年2月，南京硫酸铔厂竣工，首次试车成功，日产硫酸铔250吨，硝酸40吨。范旭东兴奋地说："中国基本化工的另一只翅膀生长出来，从此海阔天空，听凭中国化工翱翔！"

范旭东从1914年开始在塘沽创立久大精盐厂，成功生产出了"海王星"牌精盐，结束了中国人以粗盐为食的历史；在塘沽创建了中国首家私营科研机构黄海化学工业研究社，研制出了中国第一块电解金属铝；在南京建立永利硫酸铔厂，首开我国硫酸、硝酸、化肥生产先河，被誉为"永久黄"工业集团。

1928年，范旭东决心创办一个集团内刊，以"互通消息，联络感情"。1928年9月20日，范旭东创办了海王社，并发行"永久黄"团体的内部刊物《海王》旬刊，范旭东亲笔撰写"海王发刊词"，以明创刊宗旨。初期的《海王》仅有一页，半张报纸大小，内容充实，短小精悍：先是关于工程与管理上的"正经话"，紧接着是"永久黄"团体各部门的工作概况,最后一栏是深受欢迎的"家常琐事",只要集团内有什么"琐碎"消息,就刊登出来。此栏目后来一直都保留下来,也是《海王》的一大特色。在范旭东最初的设想中,这是一件拉近集团内部距离的小平台,他在《为什么要办旬刊》一文中写道:"每隔 10 天,大家得报告报告近况,行者居者都能互通消息。虽说没有什么大了不得的价值,譬如每 10 天大家写一封家信,也是一件很愉快的事。有时能介绍一些新知识和好笑话,在旬刊上发表出来,使兄弟们做工和将买卖的余暇,拿了解闷,比吃两粒劣质仁丹必定还有效些,况且家乡风味,大家当然没有不喜欢的,不仅是喜欢,还能够鼓励我们向前迈进的勇气。所以,这个赠品,可以说是千里送毫毛,礼虽说是轻,情意却是很重的,也不可太小视它。"1932 年,《海王》旬刊海王社从天津迁到塘沽,逐步走向专业化出版,成为"永久黄"团体的喉舌。《海王》旬刊的主要目的是建设团体文化,维持团体生命。范旭东曾专门为《海王》旬刊写过一篇题为《团体生活》的文章,阐述了他对团体意识的看法。他认为,企业就是一个团体,每一个成员都是团体中的一个分子。"个人如果忘记把团体的生活维持起来,团体固然要消减下去,分子也是不能幸免的。"他进而提出了对"团体生活"的建议和要求:"第一凡是一个团体,须要合全团体的力量去排除那妨碍人家尽本分的分子,进一步奖励各分子能各尽本分。再进一步请求注重尽本分的各人都匀出一部分精神出来为团体出力,直接维持团体的生命,间接维持自己尽本分的生命。"即要求团体内的各分子形成一种自觉效力于团体的奉献精神和兢兢业业、一丝不苟的敬业精神,这种单个分子的奉献精神和敬业精神凝结在一起就会形成一股强大的"团体精神"的力量,而这种"团体精神"又反过来会进一步激励单个分子的敬业奉献精神,使团体不仅可以"合众力以为力",更可"集众智以为智",创造出辉煌的成绩。范旭东将自己对"团体意识"的理解应用于创业实践,培养和铸就了一种令人交相称誉的团体奋斗意识:久大精神。这一种精神对范旭东在一穷二白的条件下艰苦创业发挥了重要作用。范旭东曾在《久大二十周年纪念述怀》对"久大精神"作过总结:"久大有一个简单的特性,就是久大同仁,自始至终是来久大做事,进一步说,就是久大有这许多事,我们各人分头替它去做,各人既没有自己的得失挟在心里,自然神志清明,看事做事,毫无牵挂,管它技术上的事也好,人事上的事也好,等量齐观,一样做就罢了。这好像开辟山洞似的,既有了方向,我们一面掘泥,一面防水,毒蛇猛兽逼过来,合力把它赶走打退,遇着顽石,或许用炸药轰开,一边排除障碍,一边向前一寸一尺地进展,日计不足,月计有余,积下二十年的工夫,自然不能毫无所得,这或许就是局外人所称赞的久大精神!的确应当宝贵。"由此可见,"久大精神"实际上就是一种独立自主、相互砥砺、团结协作、艰苦创业的奋斗意识,这种意识之所以能把久大所有人凝结在一起,激发出他们开拓进取、自强不息的奋斗精神,还在于它有一个神圣的目标:振兴民族工业。后来,随着实业范围的扩展,"久大精神"逐渐演化成"永久黄精神"。"永久黄精神"的核心是团队精神。"群论"或曰"合群意识"也是中国传统文化中事业文化的重要组成部分,即所谓的"团结就是力量"或者"总则制人,散则制于人"的思想。这种思想在企业经营活动中的体现就是团结奋斗的意识。

2. "四大信条"企业文化

1934 年,为了求得事业更好的发展,范旭东在《海王》旬刊上刊文《为征集团体信条请同仁发言》。他在该文中指出，"每个团体都有一个目标，凡属团体各分子都努力以赴之；有组织、有计划、有信条、意志统一，步伐整齐，一心一德，不顾一切往前迈进，如此集各个分子的力量，此所以团体力量大，其事业乃得以成功。"范旭东提出，信条应具有培育和统一团体的意志、增强团体力量、实现发展实业、服务社会的作用，"所谓团体信条，就是团体内各个分子共同悬为信念的标的，同时即为达到统一团体意志的圭臬"。这种团体信条不带有强制性，而是团体中自然存在的，要能使团体内各分子觉得非有这样的信条不足以使各分子团体化，从这个意义上说，团体信条就是团体精神和团体生活方式的升华。1934 年 9 月 20 日，经过广泛地征集职工意见，"永久黄"团体订立了四大信条，作为团体内全体员工的行为准则。四大信条的内容分别是：一，我们在原则上绝对相信科学；二，我们在事业上积极发展实业；三，我们在行动上宁愿牺牲个人，顾全团体；四，我们在精神上能以为社会服务为最大光荣。这些凝练的信条是团体内职员、工友经过讨论之后形成的，具有广泛的群众基础，较好地反映了"永久黄"团体的精神面貌和精神特质。四大信条概括起来就是相信科学、发展实业、顾全团体、服务社会，范旭东希望以此引导和塑造全体职员的素质，被誉为近代中国第一则成熟的现代企业文化。这些信条均刊在《海王》每期的刊头上，成为"永久黄"团体上下成员的共同价值观和行为准则。抗日战争时期，"永久黄"经营出现暂时困难，有人提出在此困境下没有必要继续支持办《海王》旬刊。对此，范旭东指出："它是团体最重要的分子，是团结这个团体的胶着力。我们有了错误，受它的潜移默化，自然悔改，入了迷途，它像黑夜的灯塔一般指点方向。"他表示："不管怎样，团体就是当裤子，也要办黄海，出《海王》的。"注重团体的共同信条，但又不忽视科学管理，这是范旭东成功的经验之一。他认识到，随着事业范围的扩大，同事分散各处，各人都有专责，用人一多，创业的精神，不免一天天稀薄而难于团聚，甚至把事业的成败，看得比一身得失还轻。"如果真到这般地步，再想挽救恐怕也无从下手，岂不可怕！"有鉴于此，范旭东在公司内部加强了"立法"工作，他将公司共同的信条和业务管理章程"都用文字列举出来，做事业进行的基本，全公司自总经理以至雇员，都应受这信条的支配和章程的管理"。他多次强调："如果大家把公司信条放在心上，行动都不出章程所订的范围，那么事业自自然然日有进益……也是事业的万幸了。"他这一精辟的论述，对今天的企业家们仍然有着宝贵的借鉴作用。

3. 侯氏制碱法

范旭东、侯德榜等人自 1914 年起先后在天津、南京、青岛等地创办化学工业企业 10 余家，成为中国民族化学工业的先驱者。1917 年筹建永利制碱公司，1920 年，在塘沽建成永利碱厂（永利沽厂），聘请化学家侯德榜为技师长，1926 年 6 月，永利制碱公司在索尔维法技术保密的情况下，自行研制生产出碳酸钠含量达 99% 的高质量洁白纯碱。1924 年，在青岛创办永裕盐业公司。1933 年，在江苏大浦建久大分厂。次年改组永利制碱公司为永利化学工业公司，并于 1937 年在江苏六合县卸甲甸（今南京市大厂镇）建成硫酸铵厂。1938 年秋，迁入四川，先后在盛产井盐的自流井复建久大盐厂，在犍为县五通桥复建永利碱厂和黄海化学工业研究社，在乐山设立永利、久大、黄海联合办事处，同时在重庆设立永利铁工厂和全华酒精厂，一个新的化工基地在华西大地创建起来。范旭东艰苦创业成功，得到了社会各界的尊重，在致力于发展民族工业之时，兼任黄海化学工业研究社常务董事、中国化学学会会长、还被聘为政府财政委员会委员、参谋本部国防设计委员会委员等职务。1945年10月范旭东病逝，参加重庆谈判的毛泽东亲笔题写挽幛："工业先导，功在中华。"

在总结化工生产技术经验的基础上，永利集团技术人员从事开发研究，其中侯德榜的制碱方法被称为侯氏碱法。侯德榜（1890—1974年），福建省闽侯人，中国近代化学工业的奠基人之一。1921年获美国哥伦比亚大学研究院化学博士学位。同年回国，任永利碱厂总工程师，是世界制碱工业的权威。1932年起，他用英文撰写《纯碱制造》一书，将氨碱法制碱技术公之于世，为中外化工学者所共仰。1937年他主持建成具有世界先进生产水平的南京硫酸铵厂，开创了中国化学工业的新纪元。抗日战争爆发后，塘沽永利碱厂和南京永利硫酸铵厂迁往内地，在四川五通桥筹建川厂。当时盐价昂贵，牛华溪一带地下黄卤浓度过淡，不符合索尔维法的要求，加之排放废液难处理，必须加以改进。该厂在侯德榜主持下，从事改进索尔维法的研究，几年后成功完成连续生产纯碱和氯化铵的联合制碱工艺。1941年3月15日，永利化学工业总公司总经理范旭东郑重宣布，决定将新法命名为"侯氏制碱法"。此法的最大特点是，不从固体碳酸氢铵开始，而是用盐卤先吸收氨后碳酸化进行连续生产。其原理是：低温下用氨饱和了的饱和食盐水，通入CO_2可析出$NaHCO_3$，此时母液中的Na减少而Cl则相当多。若加细盐末，因同离子效应，在低温下NH_4Cl的溶解度陡减，而对NaCl的溶解度则影响不大，故NH_4Cl析出，而食盐不析出。再用氨饱和后通CO_2，结果是往返析出$NaHCO_3$与NH_4Cl，而氨可由空气中的氮与水中的氢化合制成，CO_2则是提取氢气和氮气的半水煤气之副产品。如此巧妙地把氮气工业与制碱工业联合起来，故称"联合制碱法"。而后实现了工业化生产，为世界制碱技术开辟了一条新途径，成为中国对于世界工业化学的重要贡献。侯德榜1940—1941年在美国"世界贸易公司"任总工程师，1942年后在印度、巴西、日本等地进行考察。1943年侯德榜获英国皇家化工学会、美国化学工程学会、美国机械学会荣誉会员称号，1944年美国哥伦比亚大学授予他荣誉科学博士学位。侯氏制碱法比德国的查思法更为先进，不仅使原盐的利用率达到98%以上，而且生产流程简单，便于大规模连续生产。1949年新中国成立后侯德榜出席了第一届全国政治协商会议，后担任中国化工部副部长、中国科协副主席，第一至第三届全国人大代表。周培源在1990年《侯德榜》一书题词中称赞侯德榜为"科技泰斗，士子楷模"。

第二节　轻化工业

1. 味精

在近代中国，随着民族危机步步加深，中国人民救亡图存、抵抗侵略的反帝爱国斗争不断高涨，爱国主义的时代精神，也成了民族企业家创办和经营企业的一面旗帜，一些民族企业家以"设厂自救""振兴实业"等实业救国论的口号，宣传自办企业抵御外资的重要性，主张关税保护、争取利权、兴办实业，以图在经济上赶上西方国家，实现独立和富强，达到救贫、救国的目的。味精大王吴蕴初即以"实业救国"为己任，他幼年家境贫困，15岁时入上海广方言馆学习，后入陆军部上海兵工专门学校学习化学，1912年回广方言馆任教，1913年到汉阳铁厂任化验师。1915年冬，吴蕴初获得信息，天津的一些商人准备筹办一家硝碱公司。在实业梦的驱使下，他离开汉阳铁厂，前往天津，准备参与筹备硝碱公司。可是，事与愿违，等他到天津时，得到的却是"股东们不想干了"的消息。吴蕴初两头着空，此时汉阳铁厂已改名为汉阳兵工厂，正决定试制在国际上用于筑炉的矽（硅的旧称）砖和锰砖。可这是一个高难度的技术项目，厂内技术人员经过多次试验均不能理出头绪。于是厂方特邀吴蕴初来厂攻克这一难题。吴蕴初年方25岁，踌躇满志地接下了这个担子。他查阅资料、分析数据、总结技术条件，经过不分昼夜地刻苦钻研，终于亲手试制出了矽（硅的旧称）砖和锰砖，这在当时中国还是首例。汉阳兵工厂聘他为制药课课长，还授予少校军衔。他利用兵工厂的废液生产大量的硝酸钾。同时，他接受了汉口燮昌火柴厂董事长宋伟臣的邀请，与他合办一家硝碱公司，任厂长兼总工程师，初步实现了"实业梦"。1922年，吴蕴初受刘鸿生邀请去上海共同创办炽昌新牛皮胶厂，由于当时经济局势动荡不安，这家工厂一开始便面临着山穷水尽的境地，不久，吴蕴初放弃这家企业另觅新路，他开始在洋货中寻找机会。当时，日本化工产品大量倾销我国，尤其是日本味之素在全国风行，巨幅广告在上海到处张贴，使吴蕴初深感愤恨。在"实业救国"思想推动下，他开始在自己亭子间埋首研究味之素的成分。由于没有现成资料，他四处收集，并托人在国外寻找文献资料，购置了一些简单的化学实验工具，发现"味之素"就是谷氨酸钠，1866年德国人曾从植物蛋白质中提炼过。他根据自己过去的化学实践经验，认识到从蛋白质中提炼谷氨酸，关键在于水解过程。吴蕴初日夜埋头实验，人手不够，拉着夫人吴戴仪作助手。在试制中硫化氢的臭气和盐酸的酸气迷漫于四周，使邻居感到不安，意见纷纷，他与夫人向邻居说好话、赔不是。经过一年多的试验，终于制成了几十克成品，1922年冬，吴蕴初在试制味精成功后，一日，他到聚丰园饭店就餐，有意识地在一碗汤里倒了一点自己的"杰作"，引起邻座的注意，由此认识了张崇新酱园店的跑街先生王东园。后由王介绍结识了张崇新酱园店老板张逸云。后决定由张出资5000元并负责经营管理，吴蕴初负责生产设备与技术，合伙创办一家小工厂。因两人均信佛教，故将厂名定为"天厨"，产品名定为"佛手"味精。1923年春，在上海唐家桥两间石库门弄堂房子里，由吴蕴初、张逸云合伙开办的味精厂成立。最初每日只生产7.5千克味精。张逸云通过酱园店各网点推销味精，并制造味精酱油，组织人员推广："天厨味精，完全国货""味道鲜美，价格便宜"，一时天厨味精声名鹊起。为进一步扩大再生产，吴蕴初与张逸云商量成立天厨公司。1923年8月，在菜市街成立"上海天厨味精厂"，内设工厂和办公室。年产量达3000千克，获北洋政府农商部颁发的发明奖。吴蕴初借此大力宣传，"天厨国货，家家爱用""爱用国货，人人有责"，一时"天厨""佛手"牌味精远销长江流域以及西南和东北各地。该厂于1925年年产达15000千克。为了进一步保障味精销往国外，天厨公司在中国驻英、法、美三国使馆协助下，先后获得这些国家政府给予的产品出口专利保护权，使产品畅销香港、澳门地区和东南亚地区，天厨味精在行销中，与日货"味之素"竞争激烈，使"味之素"销量一蹶不振。但日本铃木株式会社不甘罢休，他们借口"味精"二字是从味之素广告中"调味精粉"四字中提取而来，遂通过日本驻华使馆向北洋政府提出抗议，要求取消"天厨"味精商标。北洋政府见"天厨"味精以"佛手"为牌，且为真正国货产品，质量优良，加以 1926 年"天厨""佛手"味精参加美国费城举办的庆祝美国独立日 150 周年的国际博览会，获国际大奖，为国争光，因此对日方抗议不予理会。吴蕴初在"天厨"味精挫败日本味之素后再接再厉，他要创立一家化工公司。因为味精的主要原料盐酸需日本进口，价格自然十分昂贵，日商往往借此扼制中国的民族企业。早在 1926 年吴蕴初就很想办一家电解食盐厂生产盐酸，但当时制酸资金太少，毫无能力。如今有了"天厨"做后盾，办厂条件已经具备。他在味精厂开设了专门实验室，收集大量资料研制起来。不久样品试制成功，但投产的硬件成为一大难题。正在吴蕴初对此为难之时，忽然得到一个信息：越南有个法国人办的盐酸厂，由于经营困难刚刚倒闭。吴蕴初当即上路，千里迢迢到达越南海防，花 9 万元购进全部设备，该厂的电解槽等机器均为美、法等国进口，产品质量与日本相当。吴蕴初又集资 20 万元在周家桥购地建厂，取名"天原电化厂"。1929 年"天原"正式生产盐酸、液碱和漂白粉。1935 年，吴蕴初又生产耐酸陶制品，在市郊龙华建立"天盛化工厂"，为国内填补了一项化学陶器的空白。两年后，吴蕴初又创办"天原化工厂"，解决了氢气、硝酸、液氨的排放问题。1937 年，"八•一三"事变爆发，吴蕴初远征新疆，在天山脚下建立"天山化工厂"，主要生产弹药等产品以供开矿和战争之需。至此，形成了吴氏"天"字号化工产品系列。吴蕴初于 1928 年创办中华工业化学研究所并任董事长，后当选为中华化学工业会副会长。吴蕴初从自幼贫困的少年到著名的实业家和化学家，他决定创办一个"清寒教育基金委员会"，出资 5 万元，聘请几位化学界人士为委员，于次年开始启动。由基金会主持，每年对大学化学系一年级学生和高中一年级学生分别考试，从中选出十余名学生发给每年 300 元的奖学金，一直到毕业为止。领受奖学金的多为清华、浙大学生。吴蕴初又在沪江大学化学系设立化学奖金，奖励优秀学生；在中华职业学校投资捐办理化教室。以上这些助学资金全是他获得专利后的所得，被称为"吴氏专利奖学金"。1937 年抗日战争爆发后，吴蕴初被聘为资源委员会委员、全国经济委员会委员。1950 年，吴蕴初由香港抵达重庆，几天后在北京中南海受到周恩来接见。回到上海后，吴蕴初任华东军政委员会委员、上海工商联副主任、上海市人民政府委员。在 1953 年临终前，他把所创办的公益基金会的全部资金捐赠给了上海图书馆。

2. 火柴

近代火柴由英国化学家约翰•沃克（John Walker）发明，以二氧化锑、氧化钾为引药制作火柴头。1832 年，奥地利化学家罗默发明由氯化钾和白磷制成的火柴。1850 年，瑞典化学家朗德斯托姆制成由硫化锑、氯化钾、红磷组成的安全火柴。1865 年，中国开始进口火柴。1889 年，民族资本开始投资火柴领域，近代"火柴大王"刘鸿生（1888—1956 年）先后创办了近 20 家企业，其中最著名的是火柴工业。刘鸿生原籍浙江定海县，出生于上海。其父亲为海上客轮的总账房，但中年病殁，致使家道中落。刘鸿生自少年就聪慧机敏，圣约翰中学毕业后，17 岁就考进了美国基督教圣公会主办的圣约翰大学，他以优异的学习成绩屡获学校奖学金，免缴极其高昂的学费，而且还有余钱，补贴家用。当时圣约翰大学的校长卜舫济博士和克莱夫主教注意到他成绩优异，决定保送他到美国留学，将其培养成一个合格的牧师，被刘鸿生拒绝后对方竟然恼羞成怒："你是上帝的叛徒！你已经没有权利再在这里读书了！"被圣约翰大学开除后，刘鸿生因能说一口流利的英语，到公租界英国巡捕房当了一段时间翻译，后来得到父亲生前好友的帮助推荐，做了英商河北开平矿务局上海办事处经理，20 岁的刘鸿生勤快干练，又肯钻研生意经，"处处为用户着想"，比如保住老户、开辟新户、按质论价、坚守信用，保证供应、不使脱销等，使开平煤销遍上海，佣金成倍递升，后成为开滦矿务总公司买办。20 世纪 30 年代，在爱国浪潮的激励下，刘鸿生在上海租界里的会审公廨与英商开滦总公司打起了长达两年多的洋官司，获得胜诉。他盘下了徐州贾汪煤矿的全部债权，成立了由他控股的华东煤矿公司。当时中国盛行有毒自燃黄磷火柴"自来火"，1920 年，刘鸿生斥资 12 万元，在苏州创办了鸿生火柴公司，高酬聘用外国技师和中国留美化学博士，生产安全火柴，兼并了长江沿岸裕生、燮昌、大昌、耀华、光华等中小火柴厂，成立了中国规模最大的"大中华"火柴公司。1934 年，他运用"产销联营"的商战方略分割市场，又用"联华制夷"和"联夷制夷"战术，各个击破洋商，与美商联合实行产销管理，有效地限制日资火柴势力在东北、华北、鲁豫地区发展，维持国产火柴较大、较稳定的销售市场，"大中华"年产火柴 15 万箱，成为全国规模最大的火柴公司，刘鸿生被冠以"中国火柴大王"，终结了日本、瑞典"洋火"垄断中国火柴市场的局面。1920 年，刘鸿生看准第一次世界大战后上海将发展成为东亚最大的商埠而大兴土木的苗头，涉足水泥行业。他访问德国，购买成套设备，并了解了整个生产流程和其中关键所在，甚至暗中记了水泥锻制中的各项化学变化公式。重金聘用德籍一流工程师，大胆聘用本国留美留德的工程师，解决了转窑中水泥熟料结块的关键技术问题，终于在龙华创办了"上海水泥公司"，成功地制造出为上海公共租界工部局检验合格的"象牌"水泥，并与唐山启新水泥厂、南京中国水泥公司实现"产销联营"，分割市场，平抑售价。启新水泥厂即启新洋灰公司，建于 1906 年，根据约定，启新专注华北、华中市场，象牌专注华南市场。协定签定后，水泥产销两旺，占全国水泥总产量的 85%以上，使民族资本水泥产品占据了中国市场。抗战爆发后赴内地，在重庆、贵阳、桂林、巴县、东山等地设中华火柴厂、建国水泥公司、嘉华水泥公司、永安电池厂、中国毛纺织厂，在兰州设西北洗毛厂、西北纺织厂，在贵阳设氯酸钾厂，在昆明和越南海防设磷厂，在广西设化工厂。1949 年后，历任华东军政委员会委员、财政委员会委员、全国政协委员、上海市工商联合会副主任委员、中国红十字会副会长等职。1953 年 10 月当选为全国工商联执行委员，1954 年 9 月当选为全国人大代表。1956 年逝世，享年 69 岁。周总理曾称他是"民族工商业者"，原民建中央主席胡厥文称赞他"看事业、看问题，准确果断，所以他所经营的事业无不成功""确是少有的名副其实的爱国实业家"。

3. 制糖

甜味是人类喜爱的味道，人类最早开始用蜂蜜为甜味料，大约有 5000 多年的历史。据季羡林考证，"糖"字英文是 sugar，德文是 zucker，法文是 sucre，俄文是 caxap，其他语言大同小异。表示"冰糖"或"水果糖"的英文 candy，德文 Kandis，法文是 Candi，其他语言也有类似的字。这些字都是外来语，根源就是梵文的 sarkara 和 khandaka。根据语言流变的规律，一个国家没有某一件东西，这件东西从外国传入，连名字也带了进来，在这个国家成为音译字。"糖"等借用外来语，就说明欧洲原来没有糖，而印度则有。食糖所含的主要成分有蔗糖、还原糖、水分、灰分等。蔗糖是食糖的主要成分（其化学分

子式为 $C_{12}H_{22}O_{11}$），是一种化学物质的学名，因为它最早是从甘蔗中得到的，所以称为蔗糖，蔗糖含量愈多，糖的品质愈好，甜度愈高，如优级白砂糖的蔗糖含量，要求不得少于99.75%。还原糖是葡萄糖和果糖的混合物，味甜，吸湿性强，有黏性。灰分是食糖中所含的矿物质和其他杂质。水分即结合水和吸附水，结合水又叫化合水，即存在于化合物或矿物分子中的水，比较稳定。例如一级白砂糖的水分含量不得多于0.07%，赤砂糖的水分含量不得多于3.5%。通常讲的食糖水分是指吸附水，即附着于食糖晶粒表面的水分。糖的甜度在低温时为甜，以蔗糖的甜度为100，则果糖为173，葡萄糖为74，饴糖为32，乳糖为16，糖精钠（又称可溶性糖精，俗称糖精，化学名称为邻磺酰苯甲酰亚胺钠）甜度为蔗糖的200～500倍。

《礼记·内则》曾提到饴、蜜，屈原《楚辞·招魂》有句："瑶浆蜜勺，实羽觞些"，东汉赵晔《吴越春秋》提道："越以甘蜜丸榄报吴增封之礼"，无论是用蜂蜜调酒还是制作蜜饯之类的食品，都说明先秦时期对于蜂蜜及其食用方法已有相当的认识。《神农本草经》载有"石蜜，一名石饴"，是药中的上品，有"益气补中，止痛解毒，除百病，和百药"的功效。这种石蜜应是野蜂在山崖石洞间所筑蜂巢中酿制的蜂蜜，后来又称"崖蜜"。据文献记载，我国至迟在南北朝时期已经有了养蜂业，当时人们已能主动和有意识地选饲家蜂，采制蜜蜡。南朝陶弘景曾指出："人家养作之者，亦白而浓厚味美"，表明当时养蜂采蜜有了一定的水平。以后劳动人民发明了用含淀粉的谷物和甘蔗制糖。中国是甘蔗的原产地，岭南、华西等地有割手密、草鞋密等甘蔗原种，我国种植甘蔗的时代很早。从先秦经秦汉到三国时期，有不少文献提到了甘蔗和蔗糖，但名称有所不同。如《楚辞·招魂》提到"柘浆"，即甘蔗汁液，司马相如《上林赋》提到"甘柘巴苴"，张衡《七辩》有"沙饧石蜜，远国贡储"之句，《三国志·孙亮传》也提到"交州献甘蔗饧"。同时古人从交趾（越南）、扶南（柬埔寨、老挝、泰国一带）、印度等地引进蔗种。三国时吴国孙权曾命匠人仿交趾方法制蔗糖，制作赤砂糖。到了晋代和南北朝时期，晋嵇含永兴年间（304年）所著《南方草木状》载："诸蔗，一曰甘蔗，交趾所生者，围数寸，长丈余，颇似竹。断而食之甚甘。笮取其汁，曝数日成饴，入口消释，彼人谓之石蜜。"北魏贾思勰《齐民要术》也引《异物志》说："交趾所产甘蔗特醇好""迮取汁如饴饧，名之曰糖""又煎而曝之，既凝而冰"。南朝陶弘景《本草经集注》在谈到甘蔗时则指出："今出江东为胜，庐陵亦有好者。广州一种，数年生，皆如大竹，长丈余，取汁以为砂糖，甚益人。"我国种植甘蔗先是在湖广一带，后来又由两湖、两广扩展到长江下游，人们最初是饮用甘蔗汁，到了5世纪左右在广州已能从甘蔗制成砂糖了。在古代和中世纪，糖品为珍贵食品，只限于贵族统治阶级享用，麦芽糖也是一种"补虚乏，止渴去血"的常用药品，如早在汉代张仲景《伤寒论》和《金匮要略》中，就已用饴糖入药治病。到了近代，制糖工业发展成大工业，大量生产，价格低廉，糖品才成为人民群众普遍享用的甜味料。

我国古书里有许多与糖同义或相接近的字，如餹、饴、铺、馓、馈等。这些字的字义与糖相同，只是古人常因糖品外形的不同和杂质含量多寡不同而起的不同名称，"饴"字古代指麦芽糖，其原料是粮食和麦芽，经过熬煮，成为一种粘稠的糖稀，做成甜柔的糖果，现在还应用。北魏贾思勰在《齐民要术》中关于制饧的方法有较详细的记载，分别记述了"白饧、黑饧、琥珀饧、煮饧、作饧"等五种方法。南朝陈代顾野王（519—581年）所编解释字义的书《玉篇》和隋朝（589—618年）隆法言编的《广韵》两书中都有"糖"

字专条，可见"糖"字在约 1500 年前就已经普遍使用了。唐朝以前中国已经有了甘蔗（柘），但只饮蔗浆，或者生吃。到了比较晚的时期才用来造糖，技术一定还比较粗糙。后来印度以石灰为澄清剂的制糖方法传入中国。到了 7 世纪唐太宗时代，据《新唐书》卷 221 上的《西域列传·摩揭陀》的记载，太宗派人到印度去学习熬糖法，促进了制糖技术的传播。宋代大食（阿拉伯）贡白砂糖，元代在杭州设立砂糖局，任职者"糖官皆主鹘，回回富商也"。

宋应星在《天工开物》中介绍了制饴标准："色以白者为上。赤色者名曰胶饴，一时宫中尚之，含于口内即溶化，形如琥珀。"宋应星还指出，当时蜂蜜"西北半天下，盖与蔗糖分胜"。除麦芽糖和蜂蜜外，我国各地还有一些利用当地原料制取食糖的方法，如幽燕地区（今河北北部和辽宁一带）民间，在冬季烧掉茅草地上残留的茎叶，然后在春季掘取地下余根，捣汁熬制，可制得相当甜的糖，名为"洗心糖"。当然，这类糖的产量是极为有限的，还不足以满足人们日常生活的需要。关于蔗糖脱色的方法乾隆《泉州府志》卷十九物产条记载："初，人不知盖泥法，相传元时南安有一黄姓墙塌压糖，去土而糖白，后人遂效之。"用黄泥水淋黑糖的瓦溜法是古代制糖工业的一项发明，黄泥加水调匀成黄泥浆状，对于黑糖来说，它是一种很好的脱色剂，黄泥能吸附黑糖中的杂质和色素。《天工开物》记载："用瓦溜装砂糖液，待黑沙结定，然后去孔中塞草，用黄泥水淋下，其中黑滓入缸内，溜内尽成白霜。"当从瓦溜上淋入黄泥水后，瓦溜中的黑糖上层与黄泥水接触，糖蜜、杂质（包括色素）被黄泥水带走，滴入下承的缸内。这样黑糖的上层就变白了，上层的糖就是白糖。这与现代蔗糖加工中活性炭脱色过程相近。明代福建方志《兴化府志》记载更加仔细："二月梅雨作，乃用赤泥封之，约半月后，又易封之，则糖油尽抽入窝，至大小暑月，乃破泥取糖，其近上者全白，近下者稍黑。"说明在实际生产中封口的方法和时间有所不同。唐代已经发现白糖结晶成冰糖（糖霜），到了明代，制作冰糖的工艺有很大的革新。制作方法是，以土白糖为原料，加水溶化，提净，制成冰糖。《天工开物》中记载："造冰糖者，将洋糖煎化，蛋清澄去浮滓。候视火色，将新青竹破成篾片，寸斩撒入其中，经过一宵，即成天然冰块。""洋糖"即是瓦溜法中最上一层的土白糖，质量较好较为洁白。用白糖加水、加热溶化、煎煮，用蛋清提净，撇去浮渣。这样，原来质量较好的白糖，又经蛋清再次提净，糖液的纯度再次提高，这种高纯度的糖液，比较容易结晶，很快便会结晶成冰糖了。制糖工艺中的白糖脱色法取材黄泥土，随手可得，工艺操作十分简便，而且脱色效果好，没有副作用，是土法制糖中难得的脱色工艺。季羡林先生对此有过很高的评价，他在《糖史》中说："黄泥水淋脱色法是中国的伟大发明。""这种技术是中国人发明的，在近代工业制糖化学脱色以前，手工业制糖的脱色技术，恐怕是登峰造极了，这是中国人的又一伟大的科技贡献。"

清末手工制糖技术均有较大的进步，据元代至元十年（1273 年）司农司官修《农桑辑要》记载："将初刈倒秸秆，去梢叶，截二寸长，碓捣碎，用密筐或布袋盛顿，压挤取汁。"清代甘蔗压榨环节上，使用石碌或硬木做成的轳辘压榨甘蔗提取蔗汁，清末民初则由木棍改进为 3 牛石辊，石辊运转的速度约为每分钟一转或一转半，犁挽的长度大约相当于直线长度 15～17 尺（1 米 =3 尺），利用犁挽节省了畜力，三牛并行拉动石辊时，走内圈者为"内牛"，居中者为"中牛"，走外圈者为"边牛"。因牛力有强弱之分、牛路有长短之别，故在牛只的运用上要统筹兼顾，强壮的牛作"边牛"，体弱的作"内牛"，中等者作"中牛",使之各得其所,劳逸均等。糖锅增加到5～12口,糖灶改进为"孔明灶":状似葫芦,上置各釜由大到小逐次排列,第一釜受热最大,用以煮沸蔗液,各釜则为蒸发经澄清之汁液,既节约燃料又可以避免烧焦糖料。在糖清漏制环节上,糖房用火煎熬蔗水,煮熟后加入干石灰粉(0.5%),冷却澄清后加入菜油,蔗汁由清变稠,成为膏状,这就是"糖清"。漏棚取糖清后,再挖取黄泥采用盖泥法制取白糖,渗漏下来的糖水再重复熬制为供药用的桔糖、供酿酒用的糖渣等。在生产组织方面超出农家副业范畴,进入资本主义手工工场阶段。江西"公司廓"实行股份制,股东的股数依据其在金钱、水牛、劳动等方面的出资来定,出力者即为管事者,管理糖廓一切相关事务,如甘蔗的买入、制糖、股东利益的分配等。在四川,糖房、漏棚均采用雇工经营,糖房、漏棚的部分工人由糖房主、漏棚主从劳动力市场雇来,另一部分则为附近种蔗户。工人伙食由糖房、漏棚供给,工资由雇主以现金方式支付。

19世纪欧洲甜菜糖业蓬勃发展,1902年,欧洲各国在比利时布鲁塞尔召开万国砂糖会议,缔结了以废止保护制度为宗旨的万国砂糖条约。在这一条约的影响下,欧洲各国纷纷奖励并扶植本国的砂糖制造业,因此,甜菜制糖日盛一日,不仅满足了欧洲市场的需要,而且还大量涌入东亚市场。爪哇(印度尼西亚爪哇岛)、日本、英国、荷兰食糖先后倾销我国。洋糖的种类主要分为青、赤、白、冰四种,此外尚有少数糖浆。新式机器的采用、制糖新工艺的发明,使世界糖业走向现代工业化,用新式机器制糖优越性十分明显,生产规模大、生产效率高、产品质量好、生产成本低、经济效益好。而中国仍然停留在土法的手工业制糖阶段,土法制糖将蔗汁放入铁锅加温煮稠、除杂、过滤,最后经不同制法产出白砂糖、黄砂糖、片糖等。生产规模很小、设备简陋、工艺陈旧、技术落后、手工操作、效率很低、经济效益较差,两者相比,相形见绌,差距甚大,据当时的化验结果显示,土糖中除产量较少、质量相对好的白糖外,其余糖内杂质还没有除尽,水分含量仍多,呈褐色或暗褐色,甚至还有蔗壳、柴叶、泥沙等固体物混杂,更有部分糖商因糖价高涨,获取暴利,往糖内掺和灰泥、砂粉等杂物,不耐久藏,经过一两月后,食糖成分逐渐减少,而且一遇到潮湿空气,便融化成水,质量低劣,加上高额的税收,反而价格高于洋糖,洋糖因其"白糖价贱,民间喜用",推动传统的糖业加速转型势在必行。清光绪年间,1886年江西巡抚德馨奏到:洋糖盛行,土糖滞销,各糖行多有亏折歇业;1889又奏到:近来洋糖洋油盛行内地,致糖油各行,诸多亏本歇业,纷纷改种杂粮,植蔗二宗,因此大为减色。民国初年,面对洋糖的冲击,各地相继提出了"糖业复兴运动""复兴糖业三年计划""振兴蔗糖事业之方策"等,积极建设机械化、半机械化的机制糖厂,新式制糖企业得以建立。1910设立了广福种植公司与华洋糖厂,1911年创办了黑龙江呼兰糖厂、全国制糖公司、济南黄台桥溥益糖厂等。在甜菜糖厂方面,最早的是1908年波兰人在黑龙江省建立阿什河精制糖股份公司,日处理甜菜350吨。1909年,俄国人在阿什河设立阿什河制糖公司,开发甜菜制糖。由民族资本办的是1914年哈尔滨甜菜糖厂。1919年北京溥益实业公司成立,在山东设制糖厂和酒精厂,利用甜菜作原料,用双碳酸法,即利用石灰和二氧化碳作清净剂制白糖,日产糖可达50吨,用糖蜜发酵法制酒精,每日可生产96%的酒精7000余磅。1934年后建立了"无烟糖制造"等现代化糖厂。广东新式糖厂附设酒精厂,将橘水(其中含糖约50%,有机化学物25%,无机盐碳酸钾10%多)以2.5∶1的比例用水稀释,再加入纯硫酸将其酸性提高,最后加入发酵母使其发酵，制成工业酒精，延长产业链。1936 年是旧中国产糖量最多的一年，共有 414 万吨，而到 1949 年榨季，又逐步下降到 26 万吨。1940 年冬在四川省内江成立的中国联合炼糖股份有限公司，员工达 300 余人，采用了真空煮糖锅、离心机、结晶槽、蒸馏塔等多种机器设备，但该公司属于来料加工型制糖公司，公司购入制糖原料糖清为土糖房生产，其将糖清加工制成各种糖品及酒精。机器制糖业不仅在设备方面使用半机械化制糖设备，而且在融资及管理方面上也均采用现代股份企业制度，其优势在于产能大、效率高。中国联合炼糖股份有限公司每日可产糖 6 吨，副产酒精 800 加仑；稍次于中国炼糖厂的华农糖厂，每日亦可产糖数千千克。在原料利用方面，用土法不能制造白糖的糖清，由离心机可以制造，并能增加 60% 的白糖产量，土法漏制白糖至少需 20 日以上，而改用离心机，则只需 10 分钟即可，"在时间上既属经济，糖之品质亦为精良"。抗日战争胜利后，联合炼糖股份有限公司资金调走，工厂关闭。新中国成立后，1951 年，国家对该公司进行改造，恢复和扩大其制糖生产。1950 年 9 月，改名川南区糖酒工业管理局三元糖厂，随着国家投资的不断增加，1957 年，公股已占 99.97%，1958 年，改为国营内江三元糖厂，当年，工业总产值达 644 万元，实现利润 138 万元，年末职工数达 791 人。同年，该厂根据国家计划转产葡萄糖。1960 年 6 月，改名为四川省内江三元葡萄糖厂。

4. 其他轻化工品

自 20 世纪初轻化工业开始起步，民族资产阶级早期兴办的化学工业还有：1915 年上海建立的开林油漆厂和瑞太石粉厂，1918 年在上海开设振华油漆厂和永和实业公司，主要生产厚漆、喷漆。1918 年大连、青岛、上海、天津等地创办了一些染料厂，主要生产硫化染料，所需中间体从国外进口，原染料运来后加工成各种商品染料。1919 年上海大丰化工厂开始生产无机盐类产品。1915 年，归国华侨在广州开设"广东兄弟创制树胶公司"，开始生产胶鞋。此后在上海相继建立上海正泰化工厂、大中华橡胶厂，生产双钱牌、箭鼓牌胶鞋和回力牌球鞋等产品。这些轻化工厂生产所需的原料、设备，部分或全部需依赖进口。轻工业需要的投资较少，规模较小，建设时间较短，价格相对便宜，资金周转较快，容易获得较高的利润。早期民族资本经营轻工业都比较成功，为我国近代化学工业的发展打下了基础。

第三节　近代化工产业文化雏形

近代化工产业出现于积弱积贫的旧中国，一些爱国实业家本着强烈的忧患意识和爱国精神开展化工产业活动，出现了诸如"四大信条"等化工产业文化雏形，归结起来可概括为爱国、科学、实业等精神内容。

1. 爱国

"爱国"一词，早在《战国策》中就有"周君岂能无爱国哉"之说，《汉纪·惠帝纪》中则提到"封建诸侯各司其位，欲使亲民如子、爱国如家"。可见，在奴隶社会末期，爱国的观念已在中华大地逐渐发展起来。中国古代天子的地域叫天下，天子分封给诸侯的地域叫国，诸侯分封给士大夫的地域叫家。家是一个象形字，房子内养一头猪，有房有食则为家。家是一个固定场所，一片屋顶，用以遮挡骄阳暴雨。每个人都需要一个家，也都爱自己的家。平时我们常把国与家联在一起，想到国必定就会想到家。国家为大家，家为小家，小家和睦，大家和谐。儒家在主张家国同构时，也并没有把家和国完全等同起来，认为家庭重伦理而国家重政治，家庭重血缘而国家重地缘，家庭私而国家公。因而在国与家之间会产生公与私的利益冲突，因此贾谊说要"国而忘家，公而忘私"。这是因为家是国的细胞，家是国的根基，国家是由众多的家所组成，国离开家，没有家的支持，国便是孤立的；从历史变迁中可看出，家更需要国提供一个稳定的社会大环境，国为家服务，如此才能保证家的正常社会活动。20世纪初德国学者耶利内克（Jellinek）、拉邦德（Laband）、法国学者马尔伯格（Malberg）等创立了三要素理论，强调政治权力与领土、人民三者统一于国家。这一理论可概括为：在一个固定的领土范围内居住着一定数量的人民（经常是同一民族或有共同的认同感），在人民中又运行着一个合法的政治权力时，国家便存在着。三要素说同我国古代哲学家孟子"人民、土地、政事"的国家要素论雷同，也与荀子"人、土、道法"的国家要素论类似，《孟子·尽心下》提出："诸侯之宝三，土地，人民，政事。宝珠玉者，殃必及身。"《荀子·致士》提出："无土则人不安居，无人则土不守，无道法则人不至，无君子则道不举。"现代政治学家给国家的解释是：国家在政治学里指的是政府，是公共权力，是以家的形象来看待国家中的公民团体以及政治共同体，它每天的日常事务必须通过一个巨大的、全国性的管理机关来照管。公民经过程序表决，选择一群专业人员组成政府，来管理我们的"家"，这就是国家。爱国主义是中华优秀传统文化的核心内容，从历史发展中我们也看到，当祖国处于危难之时，会涌现出大批惊天地、泣鬼神的民族脊梁。如：孔孟"杀身成仁，舍生取义"、范仲淹"先天下之忧而忧，后天下之乐而乐"、曹植"捐躯赴国难、誓死忽如归"的忠贞，文天祥"人生自古谁无死，留取丹心照汗青"的豪迈，史可法"吾誓与城为殉"的英烈，谭嗣同"我自横刀向天笑，去留肝胆两昆仑"的刚强。这些爱国之铿锵誓言生成的民族凝聚力，是激励我们热爱祖国的宝贵的精神财富。事实表明，国危国亡就没有家的兴旺。金元好问在《送仲希兼简大方》一诗中悲叹："家亡国破此身留，留滞聊城又过秋。"因此，在大是大非面前要顾全大局，以国家利益为重，这是国家变得更强大的基础，国稳家才好，国家强大了，民众才不必担惊受怕，家家户户才能过上幸福生活。历史唯物主义认为，国家作为人类社会的历史现象，最终必然会消亡。阶级的消灭是国家消亡的必要前提，只有消灭剥削阶级，消灭一切阶级和阶级差别，彻底铲除阶级产生和存在的根源，国家才会消亡。只有到了物质极大丰富、阶级差别消失的共产主义社会，才具备这样的条件。在现阶段的社会主义中国，国家存在不但必要，而且应当充分运用社会主义国家政权的力量，组织经济建设，逐步实现社会主义现代化，建设高度文明、高度民主的社会主义社会。作为一个企业家，爱国主义应该成为他的精神构成的主体和推进改革的精神动力与源泉。爱国主义作为一种千百年来固定下来的对自己的祖国的最深厚感情，既是传统的历史积淀，又是在现实生活中不断丰富和发展起来的。企业家应该看到一个国家的繁荣和强盛与这个国家经济发展是息息相关的。企业家必须清醒地估量、认清当前国内、国际形势，常存忧患之心，了解自己的时代责任，将爱国主义融入企业的经营理念当中去，这样才能站在更高的角度看企业发展的问题，激励企业家不断努力，将企业做强、做大,形成品牌,以优质、廉价的产品和服务为群众服务。

2. 科学

科学精神是科学在长期发展过程中积淀形成的独特的意识、理念、气质、品格、规范和传统的总和。竺可桢提出,科学工作者的品格是要追求真理,忠于真理,实事求是,不盲从,不附和,不武断,不专横。美国科学社会学创始人默顿认为:四项制度性的规则(普遍性、共有性、无私利性、有条理的怀疑主义)构成了现代科学的精神气质。科学是"求真之学",科学的本质在于求真,不懈地追求真理和捍卫真理是科学精神的核心内涵。"为求真理而认识"的科学精神不同于"为求实果而认识"的技术精神。科学探索目的在于"求真";科学是以"好奇取向",受好奇心的驱动。对真理的渴求、执着和热爱,是科学探索、科学创新中的本源性的推动力量。在科学活动中,通向真理的唯一道路是实证和理性的道路:实验的严格检验和理性的审查。科学是崇尚实践的,实证原则是科学的一个重要原则,几乎可以作为科学与非科学的划界标准。它要求一切科学认识必须建立在可靠的、可检验的科学事实基础上,一切科学认识能够而且必须经得起科学实验的检验。科学是崇尚理性的,科学探索不仅需要观察和实验,而且需要借助理性方法。理性精神和实证精神在科学认识活动中体现为严谨缜密的方法,即每一个论断都必须经过严密的逻辑论证和客观验证才能被科学共同体最终承认,任何人的研究工作都应无一例外地接受严密的审查,直至对它所有的异议得以澄清,并继续经受检验。创新是科学的灵魂。科学尊重首创和优先权,鼓励发现和创造新的知识。科学活动自身的最高价值取向就是提出独创性的思想,科学共同体以"占有发现的优先权"荣誉激励科学家努力作出原创性的科学成果。追求独创性的科学精神,是科学得以不断进步的创生基础。恩格斯说:"科学的发生和发展一开始就是由生产决定的。"企业科学研究是企业科技进步的重要组成部分。企业生产要以科研为后盾,才能在激烈的竞争中立于不败之地;科研只有和生产紧密结合,才有发展的需求,才能获取足够的支持。企业科研除具有科研工作的一般特征外,还具有其自身的特征:即要紧密结合企业生产实践,直接服务于生产,科研工作与企业发展目标要紧密结合。企业作为一个经济实体,其科研是从属于经济活动的。工业企业的科学研究要重视新技术、新产品的开发以及生产中发生的质量、可靠性、经济效益等一系列问题的研究,也有必要进行部分基础研究工作。企业科研院所是企业科学研究的阵地,它的主要任务是为企业的未来发展做好科技储备,为企业长远发展与专业发展服务,而不是承担企业日常生产技术性工作。

3. 实业

历史学家吕恩勉指出:"农工商三者,并称实业,而三者之中,农为尤要。必有农,然后工商之技,乃可得而施。"实业救国的主张虽然发端于清末洋务运动,但真正的盛行时期却是辛亥革命和"五四"运动前后。洋务运动初期,郑观应倡议"商战",以"商战"而富国,富国才能强兵;张之洞则主张发展实业,以富国强兵,积极创办钢铁厂、兵工厂、筹建铁路等。尤其是中日甲午战争后,国人对中国之积弱积贫痛彻心扉,新兴民族资本家和有识之士纷纷设厂救国。张謇创办了纱厂、面粉加工厂,同时兴办学校,以实业所得资助教育,再用教育来改进实业,以此循环往复,实现发展实业而救国的目的。

张謇认为，实业和教育是国家"富强之大本"，这一思想迅速得到了广大爱国人士的认同。振兴实业的前提要件是：改良行政、整顿度量和货币、疏通物流、扩大出口、关税保护等，进而形成了比较完整的实业救国理论。实业救国论者都对学习、吸收西方的先进技术抱着满腔热情，也都力图利用外国资本，但他们在学习西方时并不主张"西化"，而是设法引进外国的真正先进的、有用的东西，结合本国条件加以消化、改造。例如范旭东、侯德榜等人经营化工企业，立足国内资源和协作条件，将外国关键设备与国内设备配套，在这一基础上制造出当时世界第一流的"红五星""红三角"纯碱，被广大人民誉为"争气"产品。近代实业救国中具有科技创业的特征，科技创业是一种以新技术和知识为核心转化为经济效益的实践，科技创业者以市场的需要为指导，重新组织现有资源，运用自身掌握的科学技术将自然物加工成具有使用价值的人造物并推向市场，为市场提供新的服务，使各种形态的新技术和知识转化为具有实际功能的产品或服务，也成为现代创新创业活动的历史先导。

第四章
现代化工产业文化

第一节 化工安全文化

1.本质安全

所谓本质是指存在于事物中的永久且不可分离的要素、品质或特性。如果某化工过程较其他过程方案减少或消除了有可能发生的各种危害,该过程可认为是本质更安全的。"危害"是物质或过程的一种内在性质,该性质可能导致对人、环境或财产的损害。本质安全设计的概念作为一套具体的设计策略,与非本质安全的方案相比,强调消除或减少化学工业过程的危害,而不是接受这些危害后再设法控制。

本质安全是安全技术追求的目标,是安全系统工程方法的核心。本质安全理论认为由于受生活环境、作业环境和社会环境的影响,人的操作可靠性比不上机械系统的稳定性,因此要实现生产安全,必须有某种即使存在人为失误的情况下也能确保人身及财产安全,使之达到"本质的安全化",这是系统降低风险的根本途径。系统达到本质安全实际上就是危险接近于零,没有危险也就无所谓风险,但风险总是存在的,危险也不可能为零,也就是说本质安全不能完全实现,本质安全化技术不能消除的那部分风险则由安全工程技术来进行防范,本质安全技术就通过设计、工艺、制造等方面的改进,从源头上减少危险。

本质安全核心原则有如下几项。

削减的原则:削减是基于一种源头控制理念,如果没有可能引起泄漏的物质,就不可能发生泄漏事故。因而应最大限度地减少危险化学物的使用量、储存量。

替代原则:替代是基于一种过程控制理念,如果做不到削减,那就选用危险性相对较小的物质及风险系数较小的工艺流程,尽可能减少危险物质的使用或应用比较安全可靠的工艺流程。

弱化原则:如果消减和替代方案都做不到或不具实操性,那就通过温和反应条件将危险的状态减到最弱。

限制失效原则:如果消减、替代和弱化方案都不能够满足,设计时就必须考虑限制失效的安全装置。例如一旦发生物料泄漏,就要保证安全装置能够迅速有效地中止泄漏或者将泄漏的速度降到最低。

简化原则：力求结构简单，工艺流程最优化。事实证明，结构越复杂的工艺流程，发生危险的概率就越大，所以设计时应力求结构简单，工艺流程最大限度地优化或减少。

更新原则：尽早发现问题并加以更改，才能够使系统更加安全，实现更好的社会效益和经济效益。

2. 工程安全

工程安全要求保证施工过程中涉及的作业安全、施工设备安全、施工现场安全、消防安全以及每个参与人员的健康和安全，杜绝较大安全事故、责任事故等。工程安全管理保证体系包括组织保证、思想保证、制度保证、经济保证、信息保证与安全技术保证等。安全工程技术是保证企业安全，降低安全生产风险的手段，是防范和控制技术危险的科学，包括职业安全技术、职业健康保障技术、行业安全技术等。职业安全技术包括防火防爆炸技术、压力容器安全、机械安全工程、电气安全工程、交通安全工程等；职业健康保障技术包括噪声与振动控制、工厂防尘、工业防毒、辐射安全、个体防火等；行业安全技术包括煤矿安全、冶金安全、建筑安全、化工工艺安全、石油工业安全、电网安全技术等。安全工程技术通过工程项目和技术措施，实现生产的安全化，或改善劳动条件提高生产的安全性。通过工程技术手段消除事故隐患是理想的、积极的、进步的事故预防措施，其基本的做法是以新的系统、新的技术和工艺代替旧的不安全系统和工艺，从根本上消除发生事故的基础。例如，一方面用不可燃材料代替可燃材料，改进机器设备，消除人体操作对象和作业环境的危险因素，消除噪声、尘毒对人体的影响等；另一方面，还要采取工程技术手段降低潜在危险因素数值，即在系统危险不能根除的情况下，尽量地降低系统的危险程度，使系统一旦发生事故，所造成的后果严重程度减至最小。如手电钻工具采用双层绝缘措施；利用变压器降低回路电压；在高压容器中安装安全阀、泄压阀抑制危害发生等。

3. 安全教育

安全文化是人类在社会发展过程中，为维护安全而创造的各类物态产品及形成的精神形态领域的总和；是人类在生产活动中所创造的安全生产、安全生活的精神、观念、行为与物态的总和；是安全价值观和安全行为标准的总和。安全文化是保护人的身心健康、尊重人的生命、实现人的价值的文化，安全观念、安全科学技术、安全法规都是构成安全文化的重要元素。1986年国际核安全咨询小组总结了切尔诺贝利核电站事故在安全管理和人员安全素养方面的经验教训，首次使用了安全文化概念，1991年国际核安全咨询小组出版了《安全文化》一书，系统地阐述了安全文化的定义、安全文化的基本特征和内容，以及安全文化建设等问题。安全文化是企业文化的一个重要组成部分，也是企业安全管理的一项必要手段。安全教育是推广安全文化的重要方式，是安全管理中是必不可少的要素之一。安全教育以提高全员安全意识为目标，定期举行安全活动宣传，加强职工安全生产方面的培训，对员工进行安全基本知识和技能教育、遵章守纪和标准化作业教育，督促职工认真学习执行国家有关安全施工规范章程，并严格执行安全操作规程。职工通过教育学习掌握企业安全知识，包括安全思想和意识、安全科学、安全技术、职业卫生知识、安全审美与安全文学艺术等，在此基础上通过认同与内化，转化为安全价值文化，即职工的安全价值观、安全审美观、安全作风和态度、安全的心理素质，以及企业的安全氛围、安全生产奋斗目标和进取精神等，全面指导员工的安全工作行为。

4.安全制度

国务院办公厅印发的《安全生产"十三五"规划》指出：国家高度重视、大力加强和改进安全生产工作，推动经济社会安全发展，全面明确安全生产的重要意义、思想理念、方针政策和工作要求，强调必须坚守发展决不能以牺牲安全为代价这条不可逾越的红线，要以对人民群众生命高度负责的态度，坚持预防为主、标本兼治，以更有效的举措和更完善的制度，切实落实和强化安全生产责任，筑牢安全防线。各地各部门严格落实安全生产责任，全面加强安全生产监督管理，不断强化安全生产隐患排查治理和重点行业领域专项整治，深入开展安全生产大检查，严肃查处各类生产安全事故，大力推进依法治安和科技强安，加快安全生产基础保障能力建设。

安全生产面临的新挑战：一是经济社会发展、城乡和区域发展不平衡，安全监管体制机制不完善，全社会安全意识、法治意识不强等深层次问题没有得到根本解决；二是生产经营规模不断扩大，矿山、化工等高危行业比重大，落后工艺、技术、装备和产能大量存在，各类事故隐患和安全风险交织叠加，安全生产基础依然薄弱；三是城市规模日益扩大，结构日趋复杂，城市建设、轨道交通、油气输送管道、危旧房屋、玻璃幕墙、电梯设备以及人员密集场所等安全风险突出，城市安全管理难度增大；四是传统和新型生产经营方式并存，新工艺、新装备、新材料、新技术广泛应用，新业态大量涌现，增加了事故成因的数量，复合型事故有所增多，重特大事故由传统高危行业领域向其他行业领域蔓延；五是安全监管监察能力与经济社会发展不相适应，企业主体责任不落实、监管环节有漏洞、法律法规不健全、执法监督不到位等问题依然突出，安全监管执法的规范化、权威性亟待增强。

安全生产面临的机遇："十三五"时期，安全生产工作面临许多有利条件和发展机遇。一是党中央、国务院高度重视安全生产工作，作出了一系列重大决策部署，深入推进安全生产领域改革发展，为安全生产提供了强大政策支持；地方各级党委政府加强领导、强化监管，狠抓安全生产责任落实，为安全生产工作提供了有力的组织保障。二是随着全面建成小康社会、全面深化改革、全面依法治国、全面从严治党"四个全面"战略布局持续推进，创新、协调、绿色、开放、共享"五大发展理念"深入人心，社会治理能力不断提高，全社会文明素质、安全意识和法治观念加快提升，安全发展的社会环境进一步优化。三是经济社会发展提质增效、产业结构优化升级、科技创新快速发展，将加快淘汰落后工艺、技术、装备和产能，有利于降低安全风险，提高本质安全水平。四是人民群众日益增长的安全需求，以及全社会对安全生产工作的高度关注，为推动安全生产工作提供了巨大动力和能量。弘扬安全发展理念，遵循安全生产客观规律，主动适应经济发展新常态，科学统筹经济社会发展与安全生产，坚持改革创新、依法监管、源头防范、系统治理，着力完善体制机制，着力健全责任体系，着力加强法治建设，着力强化基础保障，大力提升整体安全生产水平，有效防范遏制各类生产安全事故，为全面建成小康社会创造良好稳定的安全生产环境。

"十三五"安全生产的基本原则：改革引领、创新驱动原则，坚持目标导向和问题导向，全面推进安全生产领域改革发展，加快安全生产理论创新、制度创新、体制创新、机制创新、科技创新和文化创新，推动安全生产与经济社会协调发展。依法治理、系统建设原则，弘扬社会主义法治精神，坚持运用法治思维和法治方式，完善安全生产法律法规标准体系，强化执法的严肃性、权威性，发挥科学技术的保障作用，推进科技支撑、应急救援和宣教培训等体系建设。预防为主、源头管控原则，实施安全发展战略，把安全生产贯穿于规划、设计、建设、管理、生产、经营等各环节，严格安全生产市场准入，不断完善风险分级管控和隐患排查治理双重预防机制，有效控制事故风险。社会协同、齐抓共管原则，完善"党政统一领导、部门依法监管、企业全面负责、群众参与监督、全社会广泛支持"的安全生产工作格局，综合运用法律、行政、经济、市场等手段，不断提升安全生产社会共治的能力与水平。到2020年，安全生产理论体系更加完善，安全生产责任体系更加严密，安全监管体制机制基本成熟，安全生产法律法规标准体系更加健全，全社会安全文明程度明显提升，事故总量显著减少，重特大事故得到有效遏制，职业病危害防治取得积极进展，安全生产总体水平与全面建成小康社会目标相适应。

坚决遏制重特大事故，煤矿行业依法推动高瓦斯、煤与瓦斯突出、水文地质条件复杂且不清、冲击地压等灾害严重的不安全矿井有序退出。完善基于区域特征、煤种煤质、安全生产条件、产能等因素的小煤矿淘汰退出机制。新建、改扩建、整合技改矿井全面实现采掘机械化。优化井下生产布局，减少井下作业人员。推进煤矿致灾因素排查治理。强化煤矿安全监测监控和瓦斯超限风险管控，优先推行瓦斯抽采、区域治理，促进煤矿瓦斯规模化抽采利用。构建水害防治工作体系，落实"防、堵、疏、排、截"综合治理措施，提升基础、技术、现场和应急管理水平。强化煤矿粉尘防控，推进煤矿粉尘"抑、减、捕"等源头治理。加强对爆炸性粉尘的管理和监测监控，严格对明火、自燃及机电设备等高温热源的排查管控，杜绝重大灾害隐患的牵引叠加。推动企业健全矿井风险防控技术体系，建立矿井重大灾害预警、设备故障诊断系统。危险化学品行业推进重点地区制定化工行业安全发展规划。加快实施人口密集区域危险化学品和化工企业生产、仓储场所安全搬迁工程。开展危险化学品专项整治和综合治理。推进化工园区和涉及危险化学品的重大风险功能区区域定量风险评估，科学确定风险容量，推动实现区域安全管理一体化。强化高风险工艺、高危物质、重大危险源管控。健全危险化学品生产、储存、使用、经营、运输和废弃处置等环节的信息共享机制。建立危险化学品发货和装载查验、登记、核准制度。加强危险化学品建设项目立项、规划选址、设计、建设、试生产和运行监管。完善危险化学品分类分级监管机制。推进新工艺安全风险分析和评估。建立化工安全仪表系统安全标志认证制度。推行全球化学品统一分类和标签制度。工贸行业要推动工贸企业健全安全管理体系，实行分类分级差异化监管。完善受限空间、交叉检修等作业安全操作规范。深化金属冶炼、粉尘防爆、涉氨制冷等重点领域环节专项治理。在冶金企业、涉危涉爆场所推广高危工艺智能化控制和在线监测监控。推动劳动密集型企业作业场所科学布局，实施空间物理隔离和安全技术改造。开展车辆运输车、液体危险货物运输车等安全治理。完善危险货物运输安全管理和监督检查体系。落实接驳运输、按规定时间停车休息等制度。推行消防安全标准化管理。特种设备行业创新企业主体责任落实机制，健全分类安全监管制度，实施重点监督检查制度。完善特种设备隐患排查治理和安全防控体系，开展高风险和涉及民生的电梯、起重机械、大型游乐设施等特种设备隐患专项治理。以电梯、气瓶、移动式压力容器等产品为重点，建立生产单位、使用单位、检验检测机构特种设备数据报告制度，实现特种设备质量安全信息全生命周期可追溯。建立特种设备风险预警与应急处置平台，提升特种设备风险监测、预警和应急处置能力。开展安全产业示范园区创建，制定安全科技成果转化和产业化指导意见以及国家安全生产装备发展指导目录，加快淘汰不符合安全标准、安全性能低下、职业病危害严重、危及安全生产的工艺技术和装备，提升安全生产保障能力。完善安全科技成果转化激励制度，健全安全科技成果评估和市场定价机制，建立市场主导的安全技术转移体系。健全安全生产新工艺、新技术、新装备推广应用的市场激励和政府补助机制。建设安全生产科技成果转化推广平台和孵化创新基地。在矿山、危险化学品等高危行业领域实施"机械化换人、自动化减人"，推广应用工业机器人、智能装备等，减少危险岗位人员数量和人员操作，到2020年年底矿山、危险化学品等重点行业领域机械化程度达到80%以上。

第二节　化工绿色文化

1. 绿色化工

绿色化工作为绿色化学的一个重要组成，就是要运用绿色化学的原理和技术，尽可能选用无毒无害的原料，开发绿色合成工艺和环境友好的化工过程，生产对人类健康和环境无害的化学品。绿色化工是优化生产过程的重要方法，生产过程是一个复杂的物质转化的输入输出系统：输入的是资源、能源；输出的其中一部分转化为产品，而另一部分转化为废物，排入环境。产品在使用后最终也将变成废弃物，置于环境中。为了提高生产过程中的经济效益和良好的社会效益，生产过程在输出满足要求的产品的同时，应具有较少的输入和较高的输出，尽量减少废物，削减或消除污染，使生产过程达到有效地利用输入、优化输出的结果。绿色化工的内涵在于实现化工原料的绿色化、合成技术和生产工艺的绿色化以及化工产品的绿色化。其基本原则和主要特点是：化学反应的原子经济性，化学反应路线的设计，尽量使反应原料中每个原子都参加反应，并全部转化为产物，无副反应发生，无有害物质产生。这样充分利用了资源，又不污染环境。化学反应的清洁性，选用对环境无污染、对人无害的物质作为反应的原料，研究采用环境友好的反应技术和反应媒介。化学工艺的循环性，通过设计化学工艺，使原料、副产物、媒介物和能源处于闭路循环之中，整个工艺流程输入的只是原料和必要的能量，产出的是产品，其余的物质和能量处于工艺过程的内部循环，即所谓的"零排放"工艺。化学反应技术的可持续性，利用高新技术开发新的化学反应和合成新的化合物，充分利用自然界可再生的自然资源代替不可再生的资源作为化学反应的原料，充分利用自然界可再生的能源代替不可再生的能源。

2. 低碳生产

在应对气候变化的背景下,加快转变传统生产方式,推动低碳生产方式不断进步,其实质是对人与自然关系可持续发展的新探索。低碳生产是以减少温室气体排放为目标,构筑以低能耗、低污染为基础的生产体系,包括低碳能源系统、低碳技术和低碳产业体系。低碳能源系统是指通过发展清洁能源,包括风能、太阳能、核能、低热能和生物质能等替代煤炭、石油等化石能源以减少温室气体排放。低碳技术几乎遍及所有涉及温室气体排放的行业部门,包括电力、交通、建筑、冶金、化工、石化等,在这些领域,低碳技术的应用可以节能和提高能效。低碳产业体系包括火电减排、新能源汽车、建筑节能、工业节能与减排、循环经济、资源回收、环保设备、节能材料等。随着化石能源储量日益枯竭和气候变化,全球都在制定或考虑制定鼓励新能源、抑制化石能源、征收碳税等政策,对传统化工行业的发展提出了重大挑战。我国化工行业需要面对增加油气供应和减少二氧化碳排放的双重政策压力,但化工行业在低碳经济方面也大有可为。首先,化工行业本身是耗能和碳排放大户,通过淘汰产能和工艺提升,节能降耗与碳减排潜力很大。如余热余压利用、"三废"综合利用等,节能环保型新技术、新工艺层出不穷,这些都为化工行业大幅提高资源能源利用效率、减少碳排放提供了技术保障。其次,许多下游行业的节能减排离不开化工行业的支持,该行业的技术进步或升级,不仅可以带动行业本身能耗水平的下降和碳排放量的减少,还会带动并促进相关行业和领域节能减排的进程。发展低碳经济、推进低碳转型,不仅是积极响应国家应对气候变化、促进低碳转型战略的需要,也是行业和企业自身加快技术革新、提升综合竞争力、实现可持续发展的需要。企业层面要加大节能减排和污染治理力度,进一步提高企业能源资源利用效率,切实减少单位产出的碳减排水平;加大技术创新力度,加快研发低碳新工艺、开发低碳新产品,从根本上减少污染排放和碳排放。

3. 清洁生产

清洁生产是关于产品的生产过程的一种新的、创造性的思维方式,指不断采取改进设计、使用清洁的能源和原料、采用先进的工艺技术与设备、改善管理、综合利用等措施,从源头削减污染,提高资源利用效率,减少或者避免生产、服务和产品使用过程中污染物的产生和排放,以减轻或者消除对人类健康和环境的危害。推行清洁生产已成为世界各国包括发展中国家和发达国家实现经济、社会可持续发展的必然选择。只有推行清洁生产,才能在保护经济增长的前提下,实现资源的可持续利用,不断改善环境质量;不仅使当代人可以从大自然获取所需资源和环境,而且为后代人留下可持续利用的资源和环境。实现清洁生产的主要途径是:规划产品方案,改进产品设计,调整产品结构对产品整个生命周期进行环境影响评价,即对产品从设计、生产、流通、消费和使用后的各阶段进行环境影响分析。对那些在生产过程中物耗、能耗大,污染严重,使用过程和使用后严重危害生态环境的产品进行更新设计,调整产品结构。合理使用原材料开发和选用无害或少害的原材料,以替代有害的原材料;采用精料替代粗制原料,以减少产品质量问题,提高产品合格率,减少污染物排放;定量控制原料的添加量,提高原料转化为产品的转化率,减少原材料流失和消耗;对原料充分进行综合利用,对流失的原料进行循环利用和重复利用。对原材料的合理选用，可显著降低生产成本，提高经济效益，减少废物和污染物的排放量。通过改革工艺与设备，可提高生产能力，更有效地利用原材料，减少产品不合格率，降低原材料费用和废物处理、处置费用，给企业带来明显的经济效益和环境效益。改革工艺与设备的主要途径有：革新局部的关键设备，选用先进、高效设备；改变生产线与设备布局，建立连续、闭路生产流程，减少生产运转过程中的原材料流失和产品损失，提高原材料转化率，减少污染物排放量；更新工艺，实现自动化控制，优化工艺操作条件，提高原材料的利用率，减少污染物的产生量。加强生产管理经验表明，通过强化生产全过程管理，可使污染物产生量削减40%左右，而花费却很小。加强管理是一项投资少而成效大、实现清洁生产的有效措施。强化生产全过程管理主要包括：安装必要的监测仪表，加强计量监督；建立环保审计制度、考核制度和环保岗位责任制；加强设备的维护、检修，减少跑、冒、滴、漏；实行对原材料和产品的合理储存、妥善保管和安全运输，减少损耗和流失；加强职工环保培训，建立奖惩制度等。

第三节　化工创新文化

1. 技术改造

技术改造，是指在坚持科学技术进步的前提下，在企业现有基础上，用先进的技术改造落后的技术，用先进的工艺和装备代替落后的工艺和装备，以改变企业落后的生产技术面貌，实现以内涵为主的扩大再生产，从而提高产品质量，促进产品更新换代，增加品种，适应市场需求，并节约能源，降低消耗，扩大生产规模，提高经济效益的活动。从资源配置角度讲，它是通过调整技术资源配置带动其他资源流动的扩大再生产。从这个意义上来讲，凡是着眼于技术资源配置，为提高现有企业生产能力、技术水平和经济效益的优化资源配置工作，都可归入技术改造的范畴。技术改造就是将研究与发展的成果应用于企业生产的各个领域，用先进的技术改造落后的技术，用先进的工艺和装备代替落后的工艺和装备，使企业产品在技术性、质量和成本方面保持先进水平。一般说来，技术改造包括以下内容：老产品改造和新产品开发；设备和工具的更新改造；生产工艺的改革；节约能源和合理利用原材料的改造；厂房建筑和公用设施的改造；劳动条件和生产环境的改造；技术管理方法和手段的改造等。

技术改造是一项政策性、技术性、组织性很强的工作，必须在正确原则的指导下进行，才能切实收到成效。企业技术改造的原则有：企业开展技术改造，必须符合市场经济规律，围绕市场需求、产品需要来进行。技术改造必须以提高经济效益为目标，通过内涵扩大再生产，实现效益的增长。技术改造必须结合企业的具体情况，充分利用资源，同时积极吸取国内外的先进经验。技术改造必须坚持以技术进步为前提，要在企业积极开展科研活动，将科研成果转化为实际产品、工艺等。要积极地学习和吸收国内外先进技术。技术改造要统筹规划，分清主次，抓住重点，围绕对企业影响大的、抓一项能带动多项的项目进行，还要量力而行。技术改造要坚持专群结合，充分发动和依靠群众，形成有觉悟、有技术、素质高的技术改造的队伍。企业通过技术改造完成产品改型，提高产品的工艺水平,保证新开发产品的质量和可靠性。在开展技术改造过程中消化吸收先进技术,结合实际,实现消化吸收再创新。在采用新技术上,不能不加区分地照搬,而是考虑到自己的物力、财力、技术力量而有所选择,循序渐进。

2. 科技研发

科技研发是指各种研究机构、企业为获得科学技术新知识,创造性运用科学技术新知识,或实质性改进技术、产品和服务而持续进行的具有明确目标的系统活动。研发包括四个基本要素:创造性、新颖性、科学方法的运用、新知识的产生。联合国教科文组织关于研究开发活动的解释是:研究是指基础研究和应用研究,开发是指系统地应用科学研究所获得的知识,以得到有用的材料、器件、系统和方法。企业研发从本质上来说是指企业为了进行知识创造和知识应用而进行的系统的创造性工作。其中的开发包括产品开发、设备与工具的开发、生产工艺的开发、能源和新材料的开发、改善生产环境的技术开发等,而企业的新产品开发处于核心地位。管理学家安索夫从战略的角度,认为研发是通过向现有市场提供新的或者是被改进过的产品,以给企业带来更多成长机会的行为。企业研究与开发是促进科技向生产力转化的有效途径。在企业研究与开发内部化的过程中,市场经济的发育程度、市场的法制化约束、科技教育基础乃至民族的创新文化等,都是非常重要的支撑条件。最早将研究与开发职能内部化为企业职能的,是德国合成染料业的企业。从19世纪60年代开始,以德国著名的合成燃料企业,如巴斯夫、拜耳等为代表的大型企业,开始雇用化学家为公司服务并先后建立了工业研究实验室。20世纪的前20年,美国通用电气、杜邦、贝尔电话、柯达、西屋电气等著名公司,也相继建立了工业研究实验室。此后,企业研究与开发机构更是如雨后春笋般在美国工业企业中成长,并与高校科研机构密切合作,构建高效的创新网络。

3. 协同创新

奥地利经济学家熊彼特1912年在《经济发展理论》一书中提出"创新"概念,并在1939年《景气循环论》一书中加以全面地阐述,熊彼特认为创新包括以下内容:引进新产品、引入新技术、开辟新的市场、控制原材料新的供应来源、实现工业的新组织等。创新含义相当广泛,包括各种可提高资源配置效率的新活动。此后,经济学家弗里曼将技术创新定义为包括与新产品的销售或新工艺、新设备的商业性应用有关的技术、设计、制造、管理以及商业活动。创新是一个协同性的多元化过程,当代协同创新组织按照"开放、共享、有偿"的原则,建立公共科技资源信息平台,实现仪器设备、科研设施、科技成果等在创新体系内公开和共享,打造"开放共享、有偿使用"的资源共享平台,实现资源的高效利用,提高创新活动效率。根据创新的表现形式进行分类,如知识创新、技术创新、服务创新、制度创新、组织创新、管理创新等;根据创新的领域进行分类,如教育创新、金融创新、工业创新、农业创新、国防创新、社会创新、文化创新等;根据创新的行为主体进行分类,如政府创新、企业创新、团体创新、大学创新、科研机构创新、个人创新等;根据创新的方式进行分类,如独立创新、合作创新等;根据创新的意义大小进行分类,如渐进性创新、突破性创新、革命性创新等;根据创新的效果进行分类,如有价值的创新、无价值的创新、负效应创新等;根据创新的层次进行分类,如首创型创新、改进型创新、应用型创新等。协同创新是指以知识增值为核心，企业、政府、高等学校、研究机构、中介机构和用户等为了实现重大科技创新而开展的大跨度整合的创新组织模式。它通过协同性的机制安排，促进各个创新要素发挥各自的能力优势、整合互补性资源，实现各方的优势互补，加速技术推广应用和产业化，协作开展产业技术创新和科技成果产业化活动，是当今科技创新的新范式，也是有效提高创新效率的重要途径。

第五章
化工行业文化

第一节　化工制造业界文化

1. 工匠精神

传统工匠是古代手工业技术的传承主体,在清初废除匠籍制度以前,工匠都受政府匠户和军户等户籍制度的严格限制,不仅职业世袭而且一业终生,工匠职业终身和世守家业的现象,带有法律与伦理的双重作用,既有外在约束,又有内在自觉,是传统工匠的职业伦理与家庭伦理的统一。工匠技艺世代相传,《荀子》卷四《儒效篇》曰:"工匠之子,莫不继事。"说的是工匠技术世袭家传,这是官府工匠技术传承的主要方式。民间工匠的技术传承,除了采取同官府工匠一样的世袭形式以外,还有拜师学艺、师徒传承的"学徒制",与家传绝技一样,也是保密式的工匠生成制。传统工匠在长期的持续的专业生产劳动中积累着他们的生产经验和技术,这种工匠的经验和技术不仅表现在物质的技术层面,同时还表现在文化的艺术层面。中国传统工匠在技术价值与艺术价值取向上,艺术的价值取向往往高于技术的价值取向。工匠的技术宗旨来自于"由圣人而是崇"和"体圣明之所作"的圣贤要求,圣人之作,需"依于法而游于艺"。所谓"依于法",就是重道、求道与体道。工匠之道,"高曾之矩""器用之资"也。故道在上器在下,"以礼节事,以乐道志"。所谓道来自于古代圣贤,宋代陈襄《百工由圣人作赋》指出:"祖述虽资于匠者,经营率自于古人。"工匠要向先圣先贤处寻找工匠之道,还要在旧法的基础上有所变通,有所创新,但变通和创新的目的和宗旨是"道而复淳"。只有这样,才能"艺能交举,物用具陈"。只有侧重文化艺术上匠心匠意的追求,才符合中国文化中"形而上者谓之道,形而下者谓之器"与"重道轻器"的道德价值标准,同时也才符合"重义轻利"与"不尚技巧"的"圣贤"要求。"工匠精神"是产品制作者对自己的产品精雕细琢、精益求精,使之至善至美的一种职业境界和职业素养。工匠精神也可以概括为:追求卓越的创造精神、精益求精的品质精神和用户至上的服务精神。2016年全国"两会"政府工作报告首次提出,中国要从"制造业大国"转变为"制造业强国",必须有一支具有"追求卓越、崇尚质量"的高素质高技能大军作为技术支撑;中国要"培育精益求精的工匠精神"。2017年全国"两会"把弘扬"工匠精神"、厚植工匠文化、培育众多"中国工匠"写进了政府工作报告,显示培育"中国工匠"的诉求已上升为国家意志和全民共识。

2. 标准化

化工产品包括物质的气、液、固三态，品种繁多，性能差异大，更新换代快。按照化工产品的性质分类，包括有机化工产品、无机化工产品、化肥、农药、染料、塑料、涂料、合成材料、橡胶制品、化学试剂、化学助剂、表面活性剂、催化剂、信息用化学品等近30个专业，而各专业甚至每种产品都有不同的试样制备或取样方法。每一个专业的标准基本上自成体系，各有一套完整的标准以及一系列检验方法标准等，因此具有较强的专业性和配套性。化工标准化工作强化对化工产品质量的监督和检验，加强对化工标准化工作的管理，是提高化工产品质量的重要手段。化工生产过程需要严格遵守相应标准。行业标准由国务院有关行政主管部门制定，化工行业标准、石油化工行业标准由国家工业和信息化部制定。各地政府化工分管部门负责行政区域内本部门、本行业的化工标准化工作，履行相关职责，搭建"技术专利化、专利标准化、标准产业化"链式平台。加大制标、采标、贯标资助力度，鼓励企业、行业协会积极参与行业标准、国家标准和国际标准的制定与修订。加快采用国际标准和国外先进标准，建立包括政府、部门、协会、企业在内的标准化促进机制，发挥联盟标准的质量引领作用。2015年国务院出台的《国家标准化体系建设发展规划（2016—2020年）》指出，标准是经济活动和社会发展的技术支撑，是国家治理体系和治理能力现代化的基础性制度，政府主导制定的标准与市场自主制定的标准协同发展、协调配套，强制性标准守底线、推荐性标准保基本、企业标准强质量的作用充分发挥，在技术发展快、市场创新活跃的领域培育和发展一批具有国际影响力的团体标准。随着技术创新加速，标准平均制定周期缩短至24个月，科技成果标准转化率持续提高。在农产品消费品安全、节能减排、智能制造和装备升级、新材料等重点领域制定（修订）标准，是满足经济建设、社会治理、生态文明、文化发展以及政府管理的现实需求。

3. 综合化与精细化

现代化工向大型化、综合化方向发展，装置规模增大，单位容积单位时间的产出率随之显著增大，生产综合化可使资源和能源得到充分、合理的利用，做到废物排放最少或无废物排放。现代化学工业是高度自动化和机械化的生产部门，化学工业的发展越来越多地依靠高新技术，要求迅速将科研成果转化成生产力。如生物与化学工程、微电子与化学、材料与化工等不同学科的相互渗透，可创造更多的新物质和新材料；现代化的计算机技术，已使化工生产实现了远程自动化控制，也给化学品的合成提供了智能化工具，将组合化学、计算化学与计算机方法结合，可以进行新分子、新材料的设计与合成等。精细化不仅指化工产品精细化，还包括化学工程与化学工艺的精细化。精细化工产品品种多、批量小、功能专一、附加值高，生产精细化工产品经济效益高。世界大型化工公司中，高、中利润率的均为生产精细化工产品的公司。对大宗化工产品进行深度加工以提高利润率，这是我国化学工业必须解决的问题。因此，化学工程与化学工艺必须精细化，深入到分子内部的原子水平上进行化工产品的开发研究，采用个性化的生产工艺和现代化的控制手段，提高化工产品的精细化率，使生产过程高效、节能、节约资源、环境友好。

第二节　化工储运业界文化

1. 多样化

1974年国际能源署（IEA）要求成员国至少储备60天进口量的石油，1979年后，提高到90天进口量以上。目前，我国石油战略储备量达到8500万吨，约为90天进口且储运是指用来接收、储存和发放各种原、燃材料的设施，以满足化工装置的正常生产及事故处理的需要。这些设施包括各种储罐、罐区、输送设备及装卸设施，还包括为这些设施服务的辅助设施，如污水处理设施、消防设施等。大型化工企业石油转运及石油化工企业罐区占地面积之大、储存的物料及产品的数量之多是其他生产装置无法比拟的。储运系统的安全与否，关系到整个工厂的正常生产。资料表明，储运系统的事故多，损失大，因此对工厂的储运系统的设计及储运设施的管理要特别关注。目前，世界各国都在发展运用油气管道来进行油气储运，这种运输方式效率高，可达到90天甚至以上的石油储备量，大幅度提高了油气储存能力。各种油气储运系统已经在以石油或者天然气为主要能源的社会生产部门建立。目前我国油气进口数量越来越多，2017年成为世界最大原油进口国，石油进口3.96亿吨，占总消费量5.9亿吨的67%。2018年进口天然气1243亿立方米，占天然气消费总量2803亿立方米的44%。一旦国际油气价格产生大幅度波动，会对我国油气工业乃至经济的发展产生巨大不良影响。石油化工的储运包括油气的储存方法与运输方式，随着石油化工产业的兴起与发展，一套完整的油气存储运输体系已经在我国石油化工产业形成与发展，而且各石油化工企业也根据自身的实际情况建立了符合自身的油气存运体系，选择了不同的油气储存和运输方式，因地制宜地提高油化工储运能力。我国油气的储存方法随着经济及石油化工产业的发展也经过了不断的发展与变化，从发展初期阶段地表压力容器储存到后来的地下水封油气库、地下岩洞储库等，再到海洋油气的开发应运而生的海上储罐的储存方式，油气运输方式与油气存储方式比较来说就多种多样了，如公路运输、水路运输、铁路运输、管道运输和航空运输等。采用公路运输的方式比较适合进行公路运输，因为这种方式费用高、运输量小；水路运输具有运输安全、运输量大的特点，但缺点就是速度慢、效率低；而铁路运输则综合了以上两者的优点，既经济、安全，运输量又大，成为最普遍的油气运输方式；航空运输由于其成本太高，除特殊情况一般不予考虑；管道运输也是很不错的一种方式，具有连续性高、经济、耗能少的特点。由于我国石油资源大多数分布在西部地区，因此未来需要发展西气东送、西油东送等运输工程满足我国东部沿海等经济发展较为快速和集中的地区的发展需求。同时，也要促进油气运输管道的发展，构建完整的油气运输管道网络，利用先进的科学技术，实现油气运输管道网络的自动化、智能化管理，提高运输的持续性和效率，降低输送成本，进而提高生产效益。

2. 严格化

化工危险品在运输过程中，经常因为设备不达标而出现很多燃爆的危险。化工运输设备安全性能防护影响因素包括设备选型、设备安装检维修、安全投入和安全管理体系以及监控预警。事故隐患危险性主要影响指标包括设备自身装置、人为因素、装置原理和空间设计以及设备性能防护安全度。

化工危险品的运输设备的改进不同于其他运输设备，还要专门设置一个固体污染度在线检测仪，采用在线式颗粒计数器作为污染度检测仪的核心部件，并事先设置标准参数，一旦液压车厢内的化工危险品出现泄漏、损坏等现象，检测仪便可自动报警并给出相应的污染等级；实时检测的污染数据传送至液压车的控制系统，以便技术人员实时掌握液压车厢内化工危险品的污染程度并采取应对措施，减少化工危险品的损害发生，提高运输过程中的安全性。

压力容器是油田生产过程中广泛使用的特种设备，用于油、气、水分离，原油处理稳定，气体脱水、脱酸气以及污水处理等。化工压力容器盛放的试剂种类多样，含有物质成分较多，难免会混有一些腐蚀性物质，例如酸性物质、碱性物质等，这些物质都有可能会对化工压力容器造成腐蚀。由于操作条件（介质、温度和压力）的不同，压力容器会产生全面腐蚀、应力腐蚀、孔蚀和疲劳腐蚀等，严重影响生产装置的正常运行，甚至引发泄漏、爆炸等安全生产事故。

化学腐蚀是指压力容器中盛装的干燥性气态化学氧化试剂或非电解质溶液经过长时间的放置后，直接与其金属表层发生氧化还原反应而造成的腐蚀破坏。压力容器的金属表层上添加适当的缓蚀剂能有效地提高其防腐性能，降低腐蚀速度。化工压力容器材料选择过程能从根源处减少容器的腐蚀，应根据应用情况及相关要求来对化工压力容器的材料进行选择。在考虑材料防腐蚀性能的同时，也应适当地考虑材料的耐高温、耐高压等性能，从而抑制物理腐蚀的发生概率；应根据相关标准规定来选择材料，要注意材料的结构，不可使用晶间空隙大的材料，以免发生渗透造成腐蚀。一般主要使用碳钢为铸造压力容器的材料，也可使用铜或钛作为材料，伴随着高温、高压、高流速的操作条件，内部防腐涂层常出现起泡、开裂、剥离、脱落的情况。

为了保证容器的正常运行，对容器内壁进行防腐施工成为检修的一项重要工作。用于压力容器内部的涂层应该具有良好的机械强度、附着力，以及耐磨、耐油和耐化学浸泡性能。除了涂料的防腐性能，还应重视涂料的施工性能和现场情况。如压力容器涂敷施工时，多采用人工辊涂、刷涂的方式，涂料的消耗速度较慢，且处于受限空间内作业。应尽量选择固体含量高、挥发物含量低、固化剂毒性低、固化快、适用期长的涂料品种。由于涂层固化需要一定的时间，在这段时间内，涂层的机械强度较低，容易受到其他作业环节的污染、划伤或破坏。施工过程中应合理安排作业工序，采取防护措施对涂层进行保护。运输有毒液体、气体的要防止毒害性泄漏，其装载、运输、储存应以避免其破碎、泄漏为前提，采取严密包装、平缓运输，按不同物质特性要求满足其储运条件。

3.系统化

化工储运企业由于所从事的是易燃、易爆、有毒物质的储运工作，行业的特殊性决定了其安全文化建设的特点是包括具有化工储运特色的物质文化、行为文化、精神文化等方面相结合的系统性文化。我国颁布的《企业安全文化建设导则》《企业安全文化建设评价准则》等文件，对企业安全文化建设起到了指导作用。物质文化主要有安全帽、防毒器具、防静电服等劳动防护用品，使劳动者在劳动过程中免遭或者减轻事故伤害及职业危害。在化工储运企业的生产过程中，为了防止中毒、灼烫、碰撞、坠落等事故对人体造成的伤害，职工必须佩戴劳动防护用品。企业还需配置各类超限自动保护、压力表、安全阀、呼吸阀等安全设备装置。超限自动保护装置用于化工储运企业，是为了防止密闭容器压力突然升高、温度过高或者其他方式的过载引起系统不能正常运行导致设备破坏，甚至伤害事故的发生，主要用于反应釜、储罐、锅炉、物料输送管道等。车间、库房以及厂房的隐蔽角落是有毒气体、可燃气体经常出现的地方，为了实现在线监测，有害气体报警仪、可燃气体检测器等各种预警预报装置实时监控系统是必不可少的装备。在作业场所周围可以设置安全专栏和宣传橱窗，张贴安全画报，设计安全刊物和安全宣传板报，建立图文并茂的安全文化长廊，悬挂安全标语、安全警示牌，约束员工的行为，引导员工提高安全警觉性。由于属于高风险行业，大多数化工企业比较重视消防，安全设施投入也较多，基本建立了消防安全网络，但在现实中消防设施要特别注意加强维护保养工作。

企业从厂址选择、总平面布置，到厂房的耐火等级、结构、防火间距、安全疏散、采光设计，厂房内外的设备、管道布局以及厂址对周边环境敏感点（集中居住区、学校、医院、风景名胜区、饮用水保护区等）的危害预防等，都要特别加以重视。

根据国家标准《危险货物分类和品名编号》（GB 6944—2012），危险物质在生产、储运时要考虑是否是剧毒物质，是否是易燃物质，是否是不稳定、震敏性或自燃性物质，是否是监控物质，以及危险物料可能导致的危险性，如急性中毒、火灾、爆炸、化学性灼伤及腐蚀等。在危险区域要有必要的防爆、防火、防水、防震装置，尤其是阻火设备、防爆泄压装置、灭火装置。

企业的安全精神文化，指在其发展过程中形成的、具有特色的思想、意识、观念等安全意识形态和安全行为模式，以及与之相适应的组织结构和安全制度，是安全文化的内层部分。安全精神的物化会变成强大的安全生产动力。化工企业的安全精神文化可以分为安全制度文化、安全行为文化和安全观念文化。化工储运企业安全行为文化是指企业员工在生产经营中的安全活动文化，包括企业经营、教育宣传、人际关系活动中产生的文化现象。它是企业经营作风、精神面貌、人际关系的动态体现，也是企业精神、企业价值观的一种折射。安全观念文化是指安全思想意识、安全理念、安全价值标准。它的外在表现体现在企业的安全生产宗旨、方针、标语、体制等方面，包括预防为主、安全第一、安全就是效益、安全也是生产力、风险最小化等，同时还有自我保护、防患未然的意识等观念。化工企业安全观念文化是企业员工外部客观世界和自身内心世界对安全认识能力与辨识结果的综合体现。

第三节　化工营销业界文化

1. 合法

化工产品销售的法律要求是很明确和具体的。国家对不同的化工产品的销售渠道管理的力度不同。潜在的社会危害性小的产品，国家一般不对其销售渠道加以干预，如洗发水等一般的日用产品；存在一定社会危害性的化工产品，国家对其销售渠道加以限制，比如农药化肥的销售，普通药品的销售；潜在很大的社会危害性的化工产品，国家对其销售渠道严格加以管理控制，比如精神药品麻黄素的销售和购买，国家专门制定了《麻黄素管理办法》等相关的法律法规进行监管。化工产品的生产必须具有生产许可证并实行登记制度，具有储存、运输和进出口的资质。《危险化学品安全管理条例》中规定，新建、扩建、改建生产化学危险物品的企业必须经省、自治区、直辖市政府审批，并向当地化工主管部门申请生产许可证，由工商行政管理部门发放营业执照。按照国家有关工业产品生产许可证制度规定，化工产品生产销售要通过审查批准，获得生产许可证。国外进口或国内生产的农药新产品，投产前须进行登记，否则不得生产、销售和使用。化学品首次进口和有毒化学品进出口要经过环境管理登记和审批。首次进口的化妆品，国外厂商或其代理人必须在进口地地、市级以上卫生行政部门领取并填写《进口化妆品卫生许可申请表》，直接向卫生行政主管部门申请，审查通过的产品，由卫生行政主管部门颁发进口化妆品卫生许可批件和批准文号。鉴于化工行业有其区别于其他行业的国际化程度高、销售链长等特点，化工行业电子商务系统建设尤为重要。这就需要把电子商务的先进技术与化工传统行业优势结合起来，建立化工行业电子商务模型、数据标准、技术标准及交易规范，使石化电子商务朝着"市场导向，企业推进，政府监督"的法制化、规范化方向前进。

2. 合理

合理的定价，有利于稳定和扩大化工产品的销售。化工产品营销采用报结价定价方式，是指按货到一定时间后当地市场同期价来测算产品出厂结算价，时间根据预计出货进度来计算，可选择经销商出货中期或出货后期来计算。这种定价技巧与其他可变定价方式的不同在于事后定价。实践证明，这是当市场产品价格阴跌不止时较为有效的一种定价方式，维持了企业价格信誉，避免同行业竞争对手竞相降价，有效激发了经销商购买欲望，提升企业的销售进度。对于不同行业可采用差别化定价方式。所谓差别定价，是指企业按照两种及以上不反映成本费用的比例差异的价格销售某种产品或服务。实务中，化工企业的差别化定价结构一般包括折扣定价、区域差别化定价和季节差别化定价，随着企业对产品使用实态的进一步把握，也可推行行业差别化定价。对于难以明确价值的非常规产品通过招、投标定价可使企业效益最大化。招标是指招标人根据自己的需要，提出一定的标的或条件，向潜在投标商发布投标邀请的行为；投标是指投标人接到招标通知后，根据招标通知的要求填写招标文书，并将其送交给招标人的行为。产品定价应避免过高或过低。价高，经销商无法承受；价低，则企业效益受损。因此，可以改变由单一企业作价方式，由经销商自主报价，以信封方式投递，指定日期、公开场合开启，选择最高报价为产品结算价格，以增加业务的透明度，维护企业的利益，提高产销双方的积极性。此外，还可对代理商、贸易商依据提货量确定折扣比例、对直销大客户给予优惠等。

3. 公平

化工行业虽不同于零售行业"20%的用户创造80%的利润"，但其经销商也有着差序排列，形成金字塔形的梯度构架。在设计营销通路时，从备选名单中筛选口碑好、实力强、渠道广、有较强技术支持能力的、与公司生产有较深的合作基础、做过一定市场开发工作的主流贸易商作为关键经销商，有针对性、有重点地对其运用营销组合策略，努力让这些经销商乐意与企业合作拓展业务。鼓励经销商选择在业内有良好的口碑及信誉且有稳定的下游客户群，扩大与销量较大且具备较强市场开拓、管理能力，具有一定的技术储备和服务能力的代理商建立联盟关系，提高目标市场占有率。同时，也应看到，对于其他客户要给予公平待遇，防止"嫌贫爱富"效应。遇到不同营销渠道冲突的情况，实务中较有效的解决办法是对经销商的产品流向进行控制，同时制定对终端用户的统一零售价。这种价格通常印在价格单上或产品包装上，由企业定期审查经销商的销售发票，对该产品在市场上的价格与流向严加控制。为支持经销商降低存货管理成本，生产企业通过保持某一水平的存货来满足经销商频繁的采购要求，以免去经销商的储存费用，保证其高效、持续的购货进度。对于困难经销商或大客户经销商，通过返利方式加以巩固，返利是指企业为了促进商品销售而给予客户一定的利益返回，这种利益包括金钱和实物等形式。企业制定出合理返利政策，有助于扩大产品销量。企业销售通路的建设也是一个动态平衡过程，要吐故纳新，防止"客大欺店"，避免使企业受到温水煮青蛙效应的负面影响。

第六章
化工产品文化

第一节 石油化工文化

1. 自主自立

新中国成立初期，我国大规模的经济建设开始后就遇到石油短缺的困难，当时全国所需石油 80%～90% 都依靠进口。而早年美国地质学术权威在中国调查地质的结论是："中国贫油。"早在 1915 年，美孚石油公司就派了一个钻井队在我国陕北肤施（今延安）一带，打了 7 口探井，花了 300 万美元，坚持到 1917 年，但始终收获不大。1922 年，美国斯坦福大学教授布莱克•威尔德来到中国调查地质，写了《中国和西伯利亚的石油资源》一文，得出了"中国贫油"的结论。自此以后，"中国贫油论"就流传开来。

中国现代地球科学和地质学家李四光并没有被国外学者的见解所束缚。李四光，原名李仲揆，字仲拱，小字福生，1889 年出生，湖北黄冈人。少年时代便离家求学，后被派往日本留学，先入东京宏文书院学习日语，再进大阪高等工业学校学习造船。1905 年参加中国同盟会，留学 6 年后回国，在武汉湖北中等工业学堂执教。辛亥革命后，任南京临时政府特派汉口建筑筹备委员、湖北军政府实业部长等职，年仅 23 岁。1912 年，他辞职留学英国，进入伯明翰大学学习，1919 年毕业，获学士和硕士学位。同年到法国、德国和瑞士的阿尔卑斯山考察地质和冰川遗迹。1920 年回国后，李四光任北京大学地质系教授，写成《中国北部之蜓科》一书，获英国伯明翰大学科学博士学位。之后，他先后参与筹建中央研究院、武汉大学等，并到英国 8 所大学去讲学。1928 年他就根据自己对地质构造的研究，提出了："美孚的失败，并不能证明中国没有油田可办。"1947 年年底，在十八届国际地质学会上提交的《新华夏海之起源》的论文中，他根据我国东部地质构造的特点，提出新华夏构造体系和三条隆起地带、沉降带理论。他认为新华夏地质构造体系是一个巨大的"多"字形构造体系，这种体系的沉降带既生油又储油，而我国大部分地区处在沉降带。李四光利用他早年的地质力学理论，分析了各种地质现象和成矿因素，认为这些沉积带在远古时期曾是低等生物繁茂的覆盖区，同时它们处于低洼地位，周围隆起地方的泥沙很容易冲刷下来，把茂盛的低等生物地区覆盖、掩埋起来，因而具有很好的生油条件，同时"多"字结构也很容易储油，因此在我国浅海、平原和盆地极有可能蕴含着丰富的石油和天然气。此观点一出，立即受到国际地质学界专家们的极大关注。抗日战争爆发后，李四光随地质研究所由南京辗转长沙、桂林、重庆等地。1948年，他参加了第十八届国际地质学会议，并留在英国进行考察。1949年9月21日，中国人民政治协商会议第一届全体会议在北京开幕，李四光作为中华全国第一次自然科学工作者代表大会筹备委员会的代表之一而入选，1950年回到北京。1952年8月，地质部成立，周恩来总理任命李四光为地质部部长。1953年，毛泽东主席和周恩来总理在中南海接见了李四光，毛泽东十分关切地问李四光："有人说中国贫油，你对这个问题怎么看呢？如果中国真的贫油，要不要走人工合成石油的道路？"这时李四光乐观而肯定地回答说："我们地下的石油储量是很大的。从东北平原起，通过渤海湾，到华北平原，再往南到两湖地区，可以做工作……"1954年2月，李四光做了一场长达一整天的报告，主题为《从大地构造看我国石油勘探远景》，在报告中他详细阐述了有关沉积和地质构造的条件，指出我国石油勘探远景有三大区域，同时指出要把柴达木盆地、黑河地区、四川盆地、华北平原、东北平原作为寻找油田的首选地区。接着"全国地质石油委员会"挂牌成立，由地质部、石油工业部、中国科学院参加，李四光任主任。为了早日摆脱"贫油国"的帽子，使中国的工业化建设顺利进行，1954年，李四光亲自组织队伍，在松辽平原和华北平原开展石油普查；1955年，普查队伍开往第一线，已经60多岁的李四光亲自带领技术人员进行地质普查，他们翻山越岭，在几年的时间里找到了几百个可能储油的构造，最后选定在东北平原和华北平原进行试钻；1959年9月26日，位于黑龙江省肇州县境内的"松基3号"探井喷出了油气。消息传来，全国上下都沉浸在喜悦之中，于是，全国各地的科学家、技术员、工人和解放军战士都来到了肇州。大家以饱满的热情投入到了轰轰烈烈的石油大会战，只用了短短的三年时间，就建成了一个高产大油田。由于的油田发现日期在新中国成立十周年之前，取名为大庆油田。建成投产当年，全国石油产量即达到648万吨，是旧中国最高年产量的20多倍，标志着中国终于甩掉了头上的"贫油国"的帽子，依靠自力更生的精神开启了石油事业的新篇章。

经过近70年的发展，我国已建立起规模位居世界前列的现代石油化工产业体系。随着经济的快速发展，我国原油加工量呈现持续增长。据国家统计局的数据，2018年我国全年原油加工量达到6.04亿吨。国民经济结构的调整，对我国能源产业结构提出了新的要求。经过一段时间的调整，我国石油化工产业已逐步从炼油为主导向炼化一体化转变，并初步形成了以炼油、烯烃和芳烃生产为主的基地型石油化工产业格局。目前已建成投产千万吨级炼油基地达26个，炼油能力达到7.7亿吨/年。"十三五"期间，国家正在有序推进辽宁大连长兴岛、河北曹妃甸、江苏连云港、上海漕泾、浙江宁波、福建古雷和广东惠州等七大石化产业基地，推动中国石油化工向大型化、一体化、集群化方向发展。

2. 大庆精神

1960年年初，数万名石油大军从祖国四面八方挺进东北的松嫩平原，头顶青天，脚踏荒原，展开了一场艰苦卓绝的大庆石油会战。面对缺乏开发和管理大油田的经验，广大职工把高度的革命精神与严格的科学态度结合起来。在勘探开发中，每口井都取全取准20项资料、72个数据。地质人员对地下的48个油层、698油砂体进行100万次的分析对比。为了弄清原油在铁路运输中的温度变化，确定冬季油库合理的加热温度，技术人员手持温度计,顶着寒风,跟随油罐车行程上万公里。一丝不苟的严格管理,使大庆石油职工形成了"当老实人、说老实话、办老实事""严格的要求、严密的组织、严肃的态度、严明的纪律"的优良作风。1964 年,中央专门发出通知,转发《石油工业部关于大庆石油会战情况的报告》,总结了大庆会战的 9 条经验,即:社会主义现代化企业,必须革命化;高度的革命精神与严格的科学态度相结合;现代化企业要认真搞群众运动;认真做好基础工作,狠抓基层建设;领导干部亲临前线,一切为了生产;积极培养和大胆提拔年轻干部;培养一个好作风;全面关心职工生活;认真地学习人民解放军的政治工作经验。1977 年 4 月 20 日—5 月 13 日,中共中央先后在大庆和北京召开全国工业学大庆会议。会议指出:大庆是学习和运用毛泽东思想的典范,是大学解放军、具体运用解放军政治工作经验的典范,坚持了集中领导同群众运动相结合的原则,坚持了高度革命精神同严格科学态度相结合的原则,坚持了技术革命和勤俭建国的原则。1981 年,中央 47 号文件转发国家经委党组《关于工业学大庆问题的报告》:充分肯定了大庆职工面对苏联霸权主义的封锁,那种发愤图强、自力更生、以实际行动为中国人民争气的爱国主义精神和民族自豪感;在严重困难面前,那种无所畏惧、勇挑重担、靠自己双手艰苦创业的革命精神;在生产建设中,那种一丝不苟、认真负责、讲究科学、"三老四严"、踏踏实实做好本职工作的求实精神;在处理国家和个人关系上,那种胸怀全局、忘我劳动、为国家分担困难、不计较个人得失的献身精神;同时指出,大庆油田还在其他许多方面,为我国工业生产建设提供了丰富经验。1990 年江泽民同志在谈到大庆精神的内涵时指出:"为国争光、为民族争气的爱国主义精神;独立自主、自力更生的艰苦创业精神;讲究科学、'三老四严'的求实精神;胸怀全局、为国分忧的奉献精神。"可以说,正是这四个方面的有机统一,构成了大庆精神的基本内涵。2019 年习近平在致大庆油田发现60 周年的贺信中指出:"60 年前,党中央作出石油勘探战略东移的重大决策,广大石油、地质工作者历尽艰辛发现大庆油田,翻开了中国石油开发史上具有历史转折意义的一页。60 年来,几代大庆人艰苦创业、接力奋斗,在亘古荒原上建成我国最大的石油生产基地。大庆油田的卓越贡献已经镌刻在伟大祖国的历史丰碑上,大庆精神、铁人精神已经成为中华民族伟大精神的重要组成部分。"

3.铁人精神

"铁人"是 20 世纪五六十年代社会对石油工人王进喜的代称,铁人精神是王进喜崇高思想、优秀品德的概括。1923 年 10 月 8 日,王进喜出生在玉门市赤金堡王家屯的一个贫困人家。生活所迫,王进喜 6 岁要饭,10 岁放牛,12 岁背煤,13 岁出劳役。1937 年秋天,14 岁的王进喜在逃避抓壮丁时遇到了采油的赤金老乡,把他引到了石油路上,从此与石油结下了不解之缘。1939 年 3 月,玉门油矿在赤金老君庙前打出了第一口油井即老一井。此后,石油沟不再允许私人采油,原先在老君庙前采集原油的赤金人变为长工,王进喜的名字也上了"长工花名册"。当时的玉门油矿由国民党政府经营管制,矿场四周用铁丝网围起来,不准工人随便出入。油矿内有驻军、宪兵、矿警大队,矿工稍有差池,便遭工头毒打。矿上还经常拖欠工人的工钱,有时还以抓阄发放物品的方式抵扣工资,长期的压迫使工人们生活苦不堪言。早在 1941 年,中国共产党就在油矿内部组建了玉门油矿党支部和油矿职工子弟学校党支部,工人们开始接触到共产主义等先进思想,提高了阶级觉悟，心里渐渐萌发了抗争意识。王进喜从小身处困境，磨炼了坚强不屈的意志，加之受进步思想感召，逐渐懂得了团结斗争的意义。中华人民共和国成立前夕，国民党企图破坏玉门油矿，王进喜积极参加了护矿斗争。1949 年，人民解放军挺进大西北，解放了玉门油矿，对油矿实行军管，矿工们终于获得了自由，翻身做了主人。1950 年，玉门油矿招钻井工人，王进喜下定决心要考钻工。第一次考试，由于笔答钻井知识、念报纸不合格，没能考上。第二次考试，重在技术项目的考核。王进喜动作敏捷、沉着机智，而且重要的是他干劲十足、意志坚韧，最终获得了认可，被当场招收为钻井工人。王进喜终于实现了自己的"钻工梦"，走上了为中国石油事业艰苦奋斗的人生之路。1959 年 9 月 26 日，大庆油田被发现，石油部从各地石油系统调集力量，组织石油大会战。第二年 3 月，甘肃玉门油矿贝乌 5 队在王进喜的带领下来到大庆，被统一编号为 1262 队，后改为 1205 队。王进喜带着他在玉门油矿练就的一身本领、锻造的奋斗精神，怀揣对党和国家的热爱、对石油工业的热忱，投身于石油大会战。从会战打响到年底短短 9 个月时间里，交井 19 口，总进尺 21258 米，创造了月进 5466 米、日进 738.24 米、班进 432.98 米的最高纪录。在战天斗地的过程中，王进喜为石油事业鞠躬尽瘁，无私奉献，为工业战线树起了一面旗帜，成为大家学习的榜样。铁人精神是中华民族精神的重要组成部分，集中体现了新中国一代建设者自力更生、艰苦奋斗的精神风貌。铁人精神基本内涵是："为国分忧、为民族争气"的爱国主义精神；"宁可少活二十年，拼命也要拿下大油田"的艰苦创业精神；"说老实话，办老实事，做老实人"的科学求实精神；"有条件要上，没有条件创造条件也要上"的拼搏奉献精神。2019 年国务院致大庆油田发现 60 周年的贺电中指出：60 年来，以王进喜、王启民为代表的几代大庆石油人艰苦创业、拼搏奋进，把大庆油田建成了我国最大的石油生产基地，取得了令世人瞩目的辉煌业绩，为保障国家能源安全、促进经济社会发展作出了重要贡献。大庆油田孕育形成的大庆精神、铁人精神，成为中华民族伟大精神的重要组成部分，激励着中国人民不畏艰难、勇往直前。

第二节　煤化工文化

1. 高端转化

以煤炭为原料经化学方法，将煤炭转化为气体、液体和固体产品或半成品，再进一步加工成一系列化工产品或石油燃料的工业，称为煤炭化学工业，简称煤化工。以煤为原料的产品众多，如焦炭、煤焦油、沥青、氨、甲醇等。煤中存在的元素有数十种之多，主要元素有 5 种，即碳、氢、氧、氮和硫。煤炭中的元素以有机物质和无机物质两种形态存在，以有机质形态为主，构成了煤炭的主体。构成煤炭有机质的元素除了碳、氢、氧、氮和硫外，还有极少量的磷、氟、氯和砷等元素。碳、氢、氧是煤炭有机质的主体，占 95% 以上，因此从煤中可以得到多种芳香族化合物。煤合成气有多种用途：作为原料生产甲醇、二甲醚、甲醛、醋酸、合成氨、丁醇、辛醇、高级脂肪醇、异氰酸酯、甲基叔丁基醚、烃类等，以及生产一氧化碳、氢、合成天然气、合成柴油、合成汽油等。煤制甲醇的用途广泛：可作为甲醛、醋酸、合成材料、农药、医药、染料、油漆及其他有机化工产品的原料或溶剂；可作为燃料与汽油掺烧，是无铅汽油的优质添加剂。煤制焦炭可广泛应用于高炉冶炼、铸造、气化和化工等部门作为燃料或原料；炼焦过程中得到的干馏煤气经回收、精制得到各种芳香烃和杂环化合物，可作为合成纤维、染料、医药、涂料和国防等工业的原料。煤制油技术科学上称为煤炭的液化，是指以煤炭为原料制取汽油、柴油、液化石油气的技术。煤炭液化制取以燃料油为主要产品的技术，称为煤炭液化技术。直接液化技术是在高温高压条件下，通过加氢使煤中复杂的有机物直接转化为液体燃料。煤炭直接液化油品中还含有相当数量的氧、氮、硫等杂原子，芳烃含量也较高，还必须对其再加工才能获得合格的汽油、柴油产品。煤炭直接液化油品经提质加工后可得到洁净优质的汽油、柴油和航空燃料，但生产条件要求苛刻。间接液化是将煤首先制成合成气，经过净化后，合成气再经催化合成转化成汽油、柴油等，具有较好的应用前景。

2.融合发展

我国化石能源的结构禀赋是煤炭相对丰富，石油、天然气短缺。煤炭作为基础能源，在我国一次能源的生产与消费之中长期居于主导地位。2018年全国能源消费总量46.4亿吨标准煤，原煤产量36.8亿吨，煤炭消费量占能源消费总量的59.0%。近年来，随着社会经济稳定高质量发展，我国对高品质清洁燃料、烯烃和芳烃及其衍生物等化学品的需求快速增长。煤制甲醇清洁燃料、烯烃和芳烃等现代煤化工技术经过多年攻关已取得全面突破，以煤制烯烃、煤制乙二醇和煤制油为代表的一批关键技术实现了产业化，开创出一条煤炭洁净高效利用之路，战略价值正在显现。2016年7月，习近平总书记在视察神华宁煤制油示范项目时，充分肯定了该项目对我国增强能源自主保障能力的作用。传统煤化工主要是将煤干馏生产焦炭，配合钢铁行业，副产物为焦炉煤气和煤焦油；或者用于合成甲醇和合成氨，用于化肥行业。石油化工是以石油为原料，将石油炼制过程产生的各种石油馏分和炼厂气等充分利用，生产作为液体燃料使用的汽油、煤油、柴油和化学品。石油化工和煤化工行业相对独立，因而无论是原料还是产品，相互之间缺少关联。现代煤化工的快速发展，使得煤经甲醇生产多种清洁燃料和基础化工原料成为可能，这也给石油化工和煤化工协调发展带来了新的机遇。采用创新技术大力发展现代煤化工产业，既可以保障石化产业安全，促进石化原料多元化，还可以形成煤化工与石油化工产业互补、协调发展的新格局。2016年5月中国石油和化学工业联合会发布《现代煤化工"十三五"发展指南》，预计到2020年我国煤制油、煤制天然气、煤制烯烃、煤制芳烃和煤制乙二醇的产能将分别达到1200万吨、200亿立方米、1600万吨、100万吨和600万～800万吨的水平；"十三五"期间，新型煤化工项目总投资预计约为6000亿元人民币。2017年2月国家能源局印发的《煤炭深加工产业示范"十三五"规划》给出了煤制化学品的定位，即生产烯烃、芳烃、含氧化合物等基础化工原料及化学品，弥补石化原料不足，降低石化产品成本，形成与传统石化产业互为补充、有序竞争的市场格局，促进有机化工及精细化工等产业健康发展。2017年3月，国家发展和改革委员会、工业和信息化部联合发布的《现代煤化工产业创新发展布局方案》（发改产业〔2017〕553号）提出，以推动现代煤化工产业创新发展，拓展石油化工原料来源，形成与传统石化产业互为补充、协调发展的产业格局。我国煤炭朝着深加工、现代煤化工、煤炭清洁高效利用、拓展石油化工原料来源等发展方向日益明确。寻找煤化工和石油化工协调发展新模式，打破行业壁垒，既利用好煤炭，又保证石油化工健康发展。实现煤化工和石油化工协调发展，不仅是国家能源战略技术储备和产能储备的需要，而且是推进能源清洁高效利用，保障国家能源结构调整的重要举措。

3.忠厚吃苦

我国是世界上开发煤矿最早的国家，元代（1275年）意大利著名旅行家马可·波罗将在中国旅行看到的燃料煤介绍给欧洲，第一次向全世界披露了契丹（中国）的煤炭开采和使用的盛况，从此煤才被西方所认识。山西是中国煤炭工业的缩影。大同煤田在明清时期已经是小窑林立；到了清代，各煤矿开采规模扩大。鸦片战争以后，山西煤炭成为众多帝国主义国家重点掠夺的目标。1897年，英意联合公司与中方晋丰公司合资向山西商务局请求开办山西各地煤铁等矿，引发了声势浩大的争矿运动。1907年，山西民族资本煤炭企业保晋公司成立。山西争矿运动的胜利充分表明，煤炭已成了牵动民族感情，积聚革命力量的象征。孙中山在《建国方略》中指出："矿业者，为物质文明与经济进步之极大主因也。煤为文明民族之必需品，为近代工业的主要物。"孙中山1912年赴晋冀两省考察正太铁路及山西矿产资源时提出"以平定煤铸太行铁"的发展思路，煤炭和钢铁一起成为重振中华民族雄风的象征。以煤立省的山西，煤炭创造的产值一度占到全省工业总产值的60%以上。新中国成立以后，山西煤炭工业生产建设得到健康发展，山西累计生产煤炭120多亿吨，占全国总量的四分之一，山西省挖掘"山西煤炭精神"，实行"文化强煤"。2012年2月，山西省煤炭厅向媒体公布了"煤炭精神"的内涵，高度概括了煤炭人特有的本色、品格、精神和追求，是劳动态度、思想境界、时代风貌、价值追求的统一完整的核心精神体现。"忠厚吃苦"是本，是煤炭精神的品质，高度概括了煤炭工人朴实无华、厚德载物的高尚情怀，集中反映了煤炭工业艰苦奋斗、忠诚为国的精神风貌。"敬业奉献"是魂，是煤炭精神的精髓，大力凝聚了煤炭工人爱岗敬业、忠于职守的思想境界，充分表达了煤炭工业勇担使命、勇于奉献的行业品格。"开拓创新"是神，是煤炭精神的核心，全面展示了煤炭工人积极进取、不断探索的精神面貌，直接体现了煤炭工业解放思想、改革创新的时代精神。"卓越至上"是志，是煤炭精神的目标，综合诠释了煤炭工人奋发向上、勇攀高峰的价值追求，整体确定了煤炭工业锐意进取、争创一流的奋斗方向。"忠厚吃苦"是山西人文环境的地域烙印，也是煤化工文化的一个代表和缩影。

第三节　精细化工文化

1.价值性

"精细化工"是"精细化学工业"的简称，是生产"精细化学品"的工业。精细化工产品是"精细化学品的深度加工的、具有功能性或最终使用性的、品种多、产量小、附加价值高的一大类化工产品"，其相关的工艺称为精细化工。精细化工是石油化工工业的重要组成部分，它分为传统精细化工和专用精细化工两部分。传统精细化工产品包括医药、农药、染料和涂料等，专用精细化工产品包括食品添加剂、饲料添加剂、表面活性剂、水处理剂、胶粘剂、造纸化学品、油田化学品、皮革化学品、电子化学品等。精细化工产品的分类较多，依据我国关于精细化工产品分类规定，精细化工产品包括 11 个类别：农药、染料、涂料（包括油漆和油墨）、颜料、试剂和高纯物、信息化学品、食品和饲料添加剂、胶粘剂、催化剂和各种助剂、化工系统生产的化学药品（原料药）和日用化学品、高分子聚合物中的功能高分子材料等。我国的精细化工发展较快，基本上形成了结构布局合理、门类比较齐全、规模不断发展的精细化工体系。精细化学品品种近 30000 种，不仅传统的染料、农药、涂料等精细化工产品在国际上已具有一定的影响，而且食品添加剂、饲料添加剂、胶粘剂、表面活性剂、电子化学品、油田化学品等新兴领域的精细化学品也较大程度地满足了国民经济建设和社会发展的需要。精细化学品可以优化一些普通材料的性能，例如优化建筑、飞机、汽车、船舰及机电材料等的性能；它还赋予在特殊环境下使用的某些结构材料以特殊的性能，如精细化学品在海洋构筑物、原子反应堆、高温高压环境、宇宙火箭和特殊的化工装置中的使用等。这些特殊性能表现在很多方面：机械加工方面的硬度、耐磨性、尺寸稳定性；电、磁制品方面的绝缘性、超导性、半导性、光导性、光电变换性、离子导电性、强磁和弱磁性、电子放射性；光学器具方面的荧光性、透光性、偏光性、导光性、集光性；化学上的催化性、表面活性、耐蚀性、物质沉降性；生物化学上的同化性、渗透性、转化性技术等。精细化学品的辅助作用，可以极大地丰富上述产品的种类，提高它们的价值。

2.精密性

化工生产过程主要由生产准备过程、化学反应过程、产品后处理过程所组成。除这三个主要过程外，还包括分离与回收、检验、计量、包装、储运及公用工程（水、电、气、汽）等过程。对于精细化工生产，有时还包括精制加工和商品化部分。从生产的管理上来看，化工生产需要注意生产操作、机械设备、各种原辅料、生产工艺和法规及生产环境的特殊要求。例如，化妆品、食品添加剂、电子用化学品、生物制品的生产，其生产环境要求是较高的，其作业处所的尘埃数量都需要进行检测。精细化工生产多以灵活性较大的多功能装置和间歇方式进行小批量生产。精细化工的多品种、小批量反映在生产上表现为经常更换和更新品种。化学合成多数采用液相反应，流程长，精制复杂，需要精密的工程技术。为了适应精细化学品生产特点，必须增强企业随市场需求调整生产能力和品种的灵活性，精细化工企业逐渐放弃了单一产品、单一流程、单用装置的生产方式，广泛地采用了多品种综合生产流程和多用途多功能生产装置，也对生产管理和工作人员的素质也提出了更高、更严格的要求。

3.技术密集

精细化工产品生产的全过程不同于一般化学品，它是由化学合成或复配、剂型加工和商品化（标准化）等生产部分组成的。在每一个生产过程中又派生出各种化学、物理、生理、技术、经济等要求和考虑，这就导致精细化工是技术密集的产业。在实际应用中，精细化工产品是以商品的综合功能出现的，这就需要在化学合成中筛选不同的化学结构，在剂型生产中充分发挥精细化学品自身功能与其他配合物质的协同作用,增加了精细化工产品技术密集度。精细化工品生产技术开发时间长、费用高、成功率低,例如,有的医药和农药新品种的开发成功率仅为万分之一。随着对药效、生物体安全性的要求愈来愈严,新品种开发的时间愈来愈长,费用愈来愈大。如美国于20世纪60年代初开发出一种有价值的精细化工产品耗时为5年左右,耗资300万~500万美元;90年代为10年左右,耗资为6000万~8000万美元。为满足特殊性能的需求和市场竞争的需要,新品种的开发、研制工作仍是发达工业国家发展精细化工的主要课题。由于精细化工品种类繁多,替代性强,竞争激烈,组织精细化工技术生产还要加强应用技术和技术服务环节,精细化工的生产单位在技术开发的同时,还要积极开发应用技术与开展技术服务工作,及时把市场信息反馈到产品生产中去,提升产品性能。就技术密集度而言,化学工业是高技术密集指数工业,精细化工又是化学工业中的高技术密集指数工业,需要根据市场需求和用户要求不断改进工艺过程,推进精细化学品研发创新。

第四节 农化工文化

1. 无害

1962年美国作家卡森《寂静的春天》发表,该书以科学的态度向人们指出了以杀虫剂为代表的化学药品对人类自身和生态环境的巨大破坏作用。小说是从一个虚构的城镇开始的,这里四季如春,周围庄稼环绕,小山果树成林,动物们自由出没,直到有一天人类出现了,他们建房、挖井、筑仓。从此一切都变了,植物枯萎了,果树结不出果实了,牛羊病倒并且很快死亡了,孩子们在玩耍中突然倒下。而这一切都源自一种白色化学粉剂滴滴涕(DOT),学名为双对氯苯基三氯乙烷。作者卡森用大量的实验数据,向人们证明以杀虫剂为代表的化学物质具有巨大的破坏力:水系受到严重污染,从反应堆、实验室和医院排出的放射性废物,原子核爆炸的散落物,工厂排出的化学废物,还有新产生的用于农田、果园、森林里的化学喷撒物等,通通排入河流和海洋中,地下水成了污染物的大杂烩;土壤中的有机体之间原本彼此制约,并与地上、地下环境相互制约,是一个由交织的生命之网所组成的综合体,但是,杀虫剂的使用,破坏了土壤的平衡性,减弱了土壤的生产力;在撒过药粉的地方,大量的鸟和田鼠濒临死亡,这些动物的情况显然是典型的杀虫剂中毒症状——战栗,失去飞翔能力,瘫痪,惊厥。一位底特律内科医生被请去为四位病人看病,因为他们在观看飞机撒药时接触了杀虫药,而后一小时就病了。这些病人有着同样的症状:呕吐、发烧、异常疲劳,还咳嗽。这说明一个更为可怕事实,这些有害物质不仅能毒害生物,而且能进入人体内的生理过程中,阻碍器官的正常运作,还会使细胞发生异化。该书发表后的第二年,美国国会成立了专门小组调查书中的结论,最后证实书中所言是正确的。之后,美国政府通过立法限制了杀虫剂在各州的使用,此后,各国都陆续颁布了禁用有机氯农药的法令。发达国家开始以长远的眼光重新审定化学农药产业的发展技术策略和市场管理。20世纪90年代美国、荷兰、丹麦等国撤销数十种化学农药的登记注册,制订了减少农药使用量的计划。联合国公约规定 20 余种有毒化学物将在世界各地被法律禁止或限制使用，包括杀虫剂（艾氏剂、氯丹、滴滴涕、狄氏剂、异狄氏剂、七氯、灭蚊灵和毒杀芬）、工业化合物（多氯化联苯和六氯苯）、有机污染物（六溴联苯醚、十氯酮、林丹、五氯苯等）。一些国家已研制出一系列选择性强、效率高、成本低、不污染环境、对人畜无害的生物农药。

2. 民生

在化肥发明以前，古代农民主要通过动物粪尿和草木灰来增加土壤养分，这不仅难以满足大规模生产的需要，也容易将一些有害物质传播到土壤中。1774 年，英国科学家约瑟夫·普利斯特里首次分离出氨气，1909 年，德国化学家弗里茨·哈伯发明了氨的化学合成工艺并取得了专利。弗里茨·哈伯因为合成氨的重要贡献，获得了 1918 年的诺贝尔化学奖。合成氨技术常被称为兼具"天使"和"魔鬼"角色的技术。所谓的"天使"，就是合成氨工艺为氮肥的生产创造了条件，而所谓的"魔鬼"，便是合成氨技术的出现，也是后来炸药制造的重要基础条件。氨在化学工业上具有广泛的用途，它可以制成纯碱、硝酸、铵盐，也是尿素、化纤、染料、某些塑料和制冷剂的重要原料。1828 年，德国化学家弗里德里希·维勒人工合成尿素取得了成功，这标志着人类完全可以从实验室里制造出化学肥料取代天然肥料。从 1840 年开始，德国化学家贾斯特斯·李比希通过研究生物的代谢，发现了植物生长需要氨、磷、钾、碳酸等物质，这一发现为现代化肥工业的诞生奠定了重要的基础，他因此后来也被人们尊称为"化肥工业之父"。1842 年，英国农场主劳斯（Lawes）在英国建起了世界上第一个过磷酸钙生产厂；从此，化肥工业开始蓬勃发展起来。现代常见的无机化肥有"氮肥"，如硫酸铵、碳酸氢铵、尿素等；"磷肥"，如过磷酸钙、重过磷酸钙等；"钾肥"，如氯化钾、硫酸钾等。除这三大主要化学肥料外，还有各种含有多种植物营养元素的无机"复合肥料"，如磷酸铵、磷酸二氢铵、氮磷钾复合肥等。现在，很多城市有机物垃圾及食品加工厂的废料等经过处理后，也可以制成化肥。化肥作为一种重要的植物营养元素来源，在当今世界，保证了全球约一半的粮食生产，帮助养活了全球至少 40% 的人口。化肥不仅能够为农作物提供营养元素，从而提高农作物的产量，也是改善土壤环境的重要原料。据联合国粮农组织统计数据，在人类农作物增产影响力中，化肥约占到 50%，作物遗传改良约占到 35%，可见化肥对于农业生产的重要作用。为促进绿色农业发展，我国"十三五"发展规划纲要中明确指出，要大力发展生态友好型农业，实施 2020 年化肥农药使用量零增长行动，大力淘汰落后产能，加大高端、高效专用肥料生产力度，进一步提升肥料使用效率，大幅度减少污染排放，降低生产成本，积极培育新的经济增长点。

3. 健康

早在 1800 年，人们就认识到除虫菊花的杀虫作用，并作为杀虫植物被引种至世界各地大规模栽培。1942 年，瑞士化学家斯托丁格尔和鲁奇卡首先发表了除虫菊素的化学结构。1949 年，美国化学家谢克特等合成了第一个拟除虫菊酯类杀虫剂——丙烯菊酯，但丙烯菊酯和随后发现的一系列拟除虫菊酯类农药见光很易分解，因而仅用于室内害虫的防治，尚不能用在田间防治农业害虫。1973 年，英国洛桑试验站的艾列奥特成功地合成了第一个光稳定性拟除虫菊酯——氯菊酯，为拟除虫菊酯类农药用于农业生产开辟了通道。此后农药品种增加,世界各国注册的农药已有 1500 多种。其中常用的有 300 多种,大部分是化学合成生产的。按化学成分可分为:有机氯类、有机磷类氨基甲酸酯类、拟除虫菊酯类、三唑类、杂环类等。由于大量使用化学农药,空气、水源和土壤受到了污染,并潜入农作物,残留在粮食、蔬菜、水果等食品中,或通过饲料、饮用水进入畜体,继而又通过食物链或空气进入人体,并在人体当中蓄积,危害人类健康。长期使用有农药残留的蔬菜、瓜果等农产品,对身体极为有害:低剂量的有机磷农药可使人产生慢性中毒,对人体致癌、致畸、致突变的危害。农药中毒会导致人体正常生理功能严重失调或破坏,出现头晕、头痛、胸闷、腹痛、呕吐等一系列临床症状。按中毒程度可分为轻、中、重三类。重度中毒表现为呼吸困难、瞳孔缩小、心跳减慢、血压下降、昏迷等。全世界每年约有 200 万人农药中毒,其中大约有 4 万人死亡。农药的毒性相差悬殊,一些制剂如微生物杀虫剂、抗生素等实际无毒或基本无毒。在我国,依据农药产品对大鼠的急性毒性的大小,将农药分为剧毒、高毒、中等毒、低毒和微毒 5 类。不同的毒性分级农药,在登记时其应用范围有严格的限制。限制使用是国家实施的一项重要的保护人民健康的措施。每一种农药都有一定的使用条件,这些条件包括使用的作物、防治对象、施用量、方法、使用时期以及土壤、气候、条件等。任何农药产品都不得超出农药登记批准的使用范围。

第七章
化工教育科研文化

第一节 化工教育文化

1."西学东渐"与化工教育

西方化学传入我国可以上溯到 17 世纪，明末清初，欧洲耶稣会传教士来华传教，就带来了西方的部分科学技术知识，其中与化学有关的有物质理论、化学工艺以及药物等内容。1633 年刊行的《空际格致》一书，是意大利人传教士高一志（Alphonso Vaoroni）编著的，讲解了希腊的四元素学说。与此同时，阿拉伯的汞硫学说也为徐光启等热衷于西学的人有所了解和认识。

近代化学在 1789 年始创于欧洲，近代化学从西方传入中国，已为化学界所公认。"化学"一词，现在都把它看成 Chemistry 之译名。但英文中 Chemistry 实由希腊字 Khemia 转来，而 Khemia 乃希腊文中古埃及的国名，系指该国土地为黑色而言。由此意此字转变为埃及学或神秘学之意（炼丹术在中世纪被视为一种神秘的学问）。然后渐次演化而成为现今所称之 Chemistry。据韦氏字典所定义，Chemistry 为"讨论物质的组成和性质，及物质产生及变成其他物质之变化之科学"。英国物理学家贝尔纳等著《科学史词典》简明地把化学定义为"研究物质及其变化之科学"。由以上定义，可以看出 CheMsuy 一词包含的范围及重点，分为物质的组成和性质，以及物质的化学变化两个方面。

19 世纪中叶化学传入中国，清同治年间江南制造总局出版了一些化学书，其中绝大部分是英国人傅兰雅（John Fryer）和我国学者徐寿（1818—1884 年）共同翻译的。徐寿此前在上海看到了英国传教士合信氏在 1855 年所著《博物新编》，从这部书里开始学到化学知识的，并学会制造仪器进行实验，因此《博物新编》这部书对我国化学教育来说是个重要史料，可视为近代化学在我国传播的开始。合信（Benjamin Hopon）1839 年来中国之前是一个医生，在其书中有关化学方面谈到了空气的组成，氧（养气、生气）、氢（轻气、水母气）、氮（淡气）、一氧化碳（炭气）、硫酸（磺强水、火磺油）、硝酸（硝强水、火硝油）及盐酸（盐强水）等的性质和制法，也有物质三态、磷光及电解现象，另外还有数种化学实验方法的图说。有关化学理论的部分提道："天下之物，元质五十有六，万类皆由之以生。"徐寿通过自学获得了广博的学识，"凡科学、律吕、几何、重学、矿学、汽机、医学、光学、电学靡不穷原竟委"，深有研究，其名声远播，远近皆知。

1861 年，清朝名臣曾国藩以"深明器数，博涉多通"奏保在奇才异能之列。他共保举了徐寿、华蘅芳等六人。同治元年（1862 年），徐寿、华蘅芳和徐寿次子徐建寅到安庆军械所任职。曾国藩交给他们的第一个任务，就是试制轮船。徐寿和华蘅芳等参考《博物新编》中有关轮船蒸汽机开始试制，1865 年终于试制成功我国第一艘自制"黄鹄"号轮船，开启了我国近代造船事业。他向曾国藩提出四点建议：一为译书，二为采煤炼铁，三为自造枪炮，四为操练轮船水师，成为我国近代科学和近代化学的先驱者。1874 年，徐寿和傅兰雅创办了我国第一所专门进行科技教育的新书院"格致书院"。格致书院于 1879 年开始登报，招收社会有志青年入学，1880 年正式上课。在徐寿于 1874 年所呈的《格致书院章程六条》以及傅兰雅于 1895 年拟定的《格致书院会讲西学章程》《格致书院西学课程目录》和《格致书院西学课程序》等文件中，详细阐明了实施科技教育和化学教育的一套新的教育制度、教学方式、方法等。章程规定的教学方法是自学为主，辅以讲课，并有答疑。"所有功课，全赖学者自行工苦，殷勤习学，本书院不过略助讲解，以便明通而已。""遇有难明之处，可按期到院询问，为之讲解。"实行启发式教学，"意在创行鼓励，并非坐馆塾师逐字课读者比"，反对旧书院中逐字讲解，死记硬背。傅兰雅亲自讲授算学课，他先布置习题 15 道，让学生自己演算，每星期六晚上到院讲解疑难之处。书院教员、书室经理栾学谦赞扬傅兰雅的教学方法，"经傅君熏陶琢磨，数月以来，茅塞顿开，计历半载，术业骤进"。章程中规定考试制度："每月一次，于礼拜六晚为考试之期，凡学者可如期到校面试。"记分方法是百分制，75 分合格，"凡百分中考得七十五分为中式"。"凡习熟一学全课，或一门专课，考试中式，则发给本院课凭，指明其人已精此学业，足为行用"。考试合格者，院方发给证明，以备谋职之用。1898 年 4 月，聘请旧金山来门义尔任格致书院总教习，给书院中西董事讲振兴书院之策和培养格致人才的途径，他认为："学生宜由格致化学入门，使学生能分别万物之原质，且必知各质之性并各质分量之多少。然后化学既精，矿学自得。地理学、金类学、验金之法、农学、炼钢、制火药、制铁、制糖等学，可以依次传授。二三年后，学生才智必可观矣。"来门义尔认为格致书院造就富强之人才，振兴中国之实业。格致书院的考试方法打破了科举考试的一套陈旧模式，实行新的严格的考试记分方法，成为以后实施科技教育的滥觞。徐寿从小热爱科学，不信封建迷信，"毋谈无稽之言，毋谈不经之语，毋谈星命风水，毋谈巫觋谶纬"。他的座右铭是"不二色，不诳语，接人以诚"。他幼年失怙，家境清贫，所以他从小安贫若素，不求功名利禄。他幼年读过四书五经，诸子百家之学。但他涉猎科学书籍后，认为"无稗实用，立屏弃之，专研格物致知之学"。《清史稿》称他"寿狷介，不求仕进，以布衣终"。

1856 年英国人韦廉臣（Alexder Williamson）的《格物探原》中不但有化学知识，而且还有了"化学"一词。例如该书卷三论"元质"（元素）时举例道："鏀一绿一成为盐（NaCl），铗一淡一养三成为火硝（KNO_3）。读化学一书，可悉其事。"同年，伟烈亚力（Alexander Wylie）执笔的《六合丛谈》说："比来西人之学此者，精益求精，超前轶古，启明哲未言之奥，辟造化未泄之精。请略举其纲：一为化学，言物各有质，自有变化，精诚之上，条分缕析，知有六十四元，此物未成之质也。"

"化学"名称在咸丰年间很快为国内知识界所采用。"化"在汉语中指"变化"，如《庄子·逍遥游》："北冥有鱼，其名为鲲……化而为鸟，其名为鹏。"古代还有"造化"一词，表示自然界运动变化或造成万物的功能，如《素问·五常政大论》："造化不可代，时不可违。"西汉贾谊《鹏鸟赋》："天地为炉兮，造化为工。"唐末五代时南唐的道家谭峭著有《化书》一种。因此把 Chemistry 按含义译为化学，既典雅又恰当。冯桂芬在咸丰十一年出版的《校颁庐抗议》书内《采西学议》中提到西学时写道："此外如算学、重学、光学、化学等，皆得格物至理。"同治年间，设立的江南制造局翻译馆，专译西方理工科书籍，前后译书一百七八十种，其中有《化学鉴原》一书，影响很大，促进了"化学"名称的普及。日本早期的化学书，一开始采用了音译的办法称化学为"舍密"，就是德文 Chemie 的音译。到了 19 世纪 70 年代以后，才采用了我国的"化学"这个名词。

洋务运动时期清朝大臣奕䜣、曾国藩、李鸿章、左宗棠、张之洞等在兴办实业的同时，开始把西方的工业和技术引进中国。随着洋务运动的开展，社会上一批经世致用的知识分子被吸收到政府和洋务机构新设的书馆、译局和新式企业中，开始系统介绍技术和科学知识。从此，西方的机械知识、力学、物理学、化学和电学知识，开始大量进入中国社会，并同中国近代产业结合在一起。

同治元年（1862 年）在北京成立京师同文馆（School of Combined learning，学习共同学问的学校）。该馆是我国政府开办的最早的新式学校。同文馆有严格的考试制度和奖惩办法。同文馆总教习丁韪良（W. A. P. Martin）认为："译员学校内决定设科学一馆，招收中文具有根底的学生，把学校升为大学程度。"因此同文馆也可以看成文理工医综合的大专学校。1871 年开设化学课。光绪十九年（1890），德国施德明博士（Carl Stublman）到馆讲化学，兼矿物学教授。另一个来同文馆讲授化学课的是法人毕利干（1837—1894 年）博士，其 1890 年任分署总教习，任教 23 年后于 1893 年退休回欧。毕利干来华教化学，他最先翻译使用的教材是《化学指南》，1873 年京师同文馆初刊，该书原著是意大利化学家马拉古蒂（1802—1878 年），原稿于 1853 年在巴黎得以发表二卷本，名为《化学基本教程》，中文译版刊有晚清重臣董恂写的序，董恂曾任光绪帝英文教师，户部尚书、总理衙门大臣。此书是近代化学传入我国较早的化学译著。同文馆的考试分四种：月考，每月初一举行考试；季考，每年二、五、八、十一月的初一举行考试；岁试，每年十月考试，定期面试。在岁试的时候，起初月季考仍然举行，同治四年起，规定季考时停止该月月考。大考，每届三年，举行总考试一次，由总理衙门主管。每届大考后，分别给奖记优，中榜者授予七、八、九品官，未中榜者继续学习，中榜者给官衔后，还可以继续学。丁韪良在《同文馆记》中说："中国学生了解力强，不求急效。对于科学很有成就。他们最喜欢化学，也许因为化学源于炼金术，而关于炼金术他们在中文书籍中已读了很多的原（通'缘'）故。"

2.大中专院校的化工教育文化

化工高等教育的代表性院校之一北京化工大学，是新中国为"培养尖端科学技术所需求的高级化工人才"而创建的一所高水平大学。作为教育部直属的全国重点大学，国家"211 工程"和"985 优势学科创新平台"重点建设院校，北京化工大学以"宏德博学、化育天工"为校训，宏德博学是指志向宏大，道德高尚，学问广博，学力深厚。宏：广博。陆机所著《吊魏武帝文》："丕大德以宏覆，援日月而齐晖。"德：道德。《易·乾·文言》："君子进德修业。"博学：学问广博。《论语·雍也》："君子博学于文。"化育天工是指探索自然之奥秘，变革自然之工巧为人类服务，暗寓校名"化工"。化育：自然生成和长育万物。《管子·心术》："化育万物谓之德。"天工：自然天成的工巧，与"人工"相对，成语有"巧夺天工"。元赵孟頫所著的《赠放烟火者》："人间巧艺夺天工，炼药燃灯清昼同。""天工"也为古代科学家借指科学技术，明宋应星所著的《天工开物》是一部世界科技名著，表现了我国劳动人民在科技工艺包括化工方面的智慧和创造。学校坚持"团结奉献、艰苦奋斗、务实力行、博学创新"的化大精神，以"双一流"建设为契机，加快建设成为特色鲜明、在国际上有影响的高水平研究型大学。

辽宁石油化工大学以"问学穿石，修身诚化"为校训，"问学"出自《中庸》27章中的"故君子尊德性而道问学，致广大而尽精微"，是追求知识，勤勉学问的意思。"穿石"来源于"滴水穿石"的典故，表示求学过程中有顽强的毅力和坚韧不拔的精神。"修身"见于《周易·复卦》，儒家经典《大学》有"诚意，正心，修身，齐家，治国，平天下"的说法。修身是知识分子修炼品格、涵养德性的必由之路。"诚化"出于《中庸》："唯天下至诚为能化。""诚"代表忠诚、真诚、诚信，是修身的根本；"化"是人的知识与品格和谐统一的最高境界，是修身的目标。由"诚"到"化"，是一个提升的过程，只有做到"诚"，才能达到"化"。由这八个字组成校训，概括"问学"和"修身"两个方面，是知识分子成才和立身的必修课。要求师生追求学识要有恒心和毅力，矢志不移；修炼品格要立身以诚，追求化境。学校以"团结、求实、严谨、创新"为校风，对全校师生提出了简明而具体的要求：工作团结，作风求实，治学严谨，开拓创新。

高等专科化工教育院校湖南化工职业技术学院以"厚德、励志、笃学、精艺"为校训。厚德：取于"厚德载物"。《周易》曰："天行健，君子以自强不息"和"地势坤，君子以厚德载物"。"君子以厚德载物"意以深厚的德泽育人利物，君子的胜人之处在于以德化人，至德即为至善。今多用来指以崇高的道德、博大精深的学识培育学生成才。励志：厚德方以励志，是指在他人的激励下树立志向，激发志气。此处用"励志"而非"立志"，是因为"立志"是立下志向，多指个体。而"励志"之说则彰显师生之道，"传道授业解惑"也。笃学：《尚书·说命》提出"知之匪艰，行之惟艰"的知行观。《礼记·中庸》提出"博学之，审问之，慎思之，明辨之，笃行之"的学习方法。取"笃学"综合"知行观""博学""笃行"等，意指踏踏实实、坚持不懈地践履所学，向着既定的目标和事业奋进不已。"笃学"是知和行的统一，也是以培养一线所需高技能应用型人才为目标的高职院校对全体师生的必然要求。精艺：精艺以求精，职业技术教育就是需要培养出来的人才在技能方面精益求精，博学是从大处讲，博学的目的也是为了精艺。

兰州石油化工职业技术学院以"勤实精技、日新行远"为校训。勤实精技："勤实"出自《元典章·刑部三·不义》："庶民生理，勤实为本。"韩愈在所著的《劝学解》曾云："业精于勤，荒于嬉；行成于思，毁于随。"《尚书》中有"天道酬勤"的古训，北宋邵伯温《邵氏闻见录》也曾有"君实脚踏实地人也"的记载。这都启迪人们：只要做事尽力、毫不偷懒、勤勉不辍、勤奋到底、勤勉认真、踏踏实实、实事求是，就能干出一番事业。"精技"，指精于技术，精益求精。"精思傅会，十年乃成。"（范晔《后汉书》）"中不精者心不治。"（《管子·心术》）要求全体师生广学理论，精心求真，勤实钻研，勤学苦练，练就一身本领，追求技艺精专和精通，致力于成为面向石化行业及其他行业的高素质劳动者和技术型人才。日新行远："日新"，最早见于《尚书》，《易经》曾有"日新之谓盛德，生生之谓易"的记载，《礼记·大学》又有"苟日新，日日新，又日新"的发展创新。"行远"，出自"君子之道：辟如行远，必自迩。"（《礼记·中庸》）。"日新行远"，要求学校师生铭记"天地之大德曰生"，恒念"人生之大德曰创"，严格遵循高等职业教育的内在规律，与时俱进，吐故纳新，大力开展对石化行业从业人员的职业技术教育，展现出石油化工行业的个性特色及转化创新的特质，引导人人不断追求止于至善的境界。同时，全体师生也会坚定理想目标，督促师生具有转化的意识、创新的需要，追求创造和创新，能积极开拓创新，将所学转化为能力，不断实现学业的发展和进步，让人生之路行以致远。

河北化工医药职业技术学院秉承"学以进德，工以养技"的校训，发扬"团结、勤奋、求实、创新"的优良校风。

南京科技职业学院（原南京化工职业技术学院）以"仁爱、求真、笃行、拓新"为校训，形成了"文明、团结、勤奋、进取"的优良校风和"刻苦、严谨、求实、创新"的学风，在长期办学过程中铸就了"精益求精，追求卓越"的学校精神，形成了比较独特、有深厚内涵的校园文化。

中等化工专科教育院校河南化工技师学院形成了系统的校园文化体系，学校校训是"千里之行、始于足下"，语出老子的《道德经》第六十四章中"合抱之木，生于毫末；九层之台，起于累土；千里之行，始于足下。"白居易的《温尧卿等授官赐绯充沧景江陵判官制》有："夫千里之行，始于足下。苟自强不息，亦何远而不屈哉？"意思是：走一千里路，是从迈第一步开始的。比喻事情是从头做起，逐步进行的。再艰难的事情，只要持续不懈地行动必有所成。以此为校训，展现学院脚踏实地、务实奋进、求实创新、追求卓越的作风。"千里之行"足见抱负宏大，志存高远，是人的一生追求，也是一个持久的过程。作为技能人才，只有脚踏实地，干好每一个环节，每一步骤的工作，才能与经济社会对技能人才、金蓝领的要求紧密联系起来。"始于足下"是求学做人的求实态度，又强调"不积跬步，无以至千里"的深广内涵，喻示一切事业均要经历积小成大的过程，必须踏踏实实，从日常生活中的每一件小事做起。其中的"行"字是点睛之笔，与学院职业教育的办学性质不谋而合，强调实践，重视实践，在实践中实现自我价值，树立学生顽强的意志和耐心、恒心、决心，同时通过踏踏实实的行动，学习理论基础知识，扎实掌握专业实操技能，在理论与实践的结合中实现知行统一，最终实现人生的成长、成才与成功。学校价值观是劳动创造美好生活，学校品牌是最踏实、有执行力的高技能人才培养培训教育，学校精神是艰苦奋斗、踏实肯干、积极阳光、尊重包容、团结协作。"艰苦奋斗"优良传统与作风是在漫长岁月中积淀下来的精神财富。正是历经一代又一代化院人的艰苦奋斗，学院才发展成为立足河南，辐射全国的"全国知名、省内一流"的学校。艰苦奋斗是河南化工技师学院在激烈的竞争中脱颖而出的法宝，也是化院精神的首要体现。"踏实肯干"是化院人集体性格的突出体现。"踏实"是对做事的追求；"肯"是做事的精神状态，是主动积极；"干"是落实。踏实肯干是以旺盛的精力、高度的责任感"干一行、爱一行、精一行"。踏实肯干更是指导化院全体师生"能干事、肯干事、干成事、不出事"的指南针与风向标。说一千，道一万，两横一竖就是干，行动、马上行动、踏实行动是化院人工作学习的不二选择。唯有踏实肯干才是成长进步的正道，才是惠及终生的根本之法。化院人始终力戒空谈，务求实效，用爱岗敬业、奋发有为、百折不挠的意志与毅力撑起一所学校欣欣向荣的今天。"积极阳光"是全体化院人永葆正能量、正思维、正精进的集中体现，是化院校园内永远的暖色调。每一位化院人都要用也正在用积极心态、阳光微笑面对工作、学习、生活，温暖别人，照亮自己，撑起属于自己和他人的晴空，汇聚无边的正能量，推动河南化工技师学院职业教育事业的蒸蒸日上和发展繁荣。"尊重包容"是全体化院人的为人处事之道，更是学院和谐团结发展的基础。任何人都有优点，同时也都有缺点。与人相处要尊重他人的优点，包容他人的缺点。"相互补台，好戏连台；相互拆台，全部垮台。"一个单位能否和谐安定，关键在于本单位中的个体能否相互尊重和包容。一个个体只有尊重和包容他人，才能快乐开心地工作和生活。彼此扶持而非相互计较，同舟共济而非同舟共挤；以理智化解纠纷，用慧心点亮人生，是化院人"尊重包容"精神的具体表现。"艰苦奋斗、踏实肯干、积极阳光、尊重包容"的化院精神对外树立形象、对内凝聚人心，使全院上下团结一致、共谋发展。"艰苦奋斗、踏实肯干"体现在身体力行上；"积极阳光、尊重包容"集中在心态认知上，是全体化院师生知行合一的完美载体。化院精神宛如飘扬的旗帜，又如璀璨的灯火，激励着一代又一代化院人薪火传承下去。学校奋斗目标是实力化院、文化化院、文明化院、和谐化院、美丽化院、幸福化院；学校愿景是全国知名、省内一流、金蓝领的沃土、高技能人才的摇篮；办学方针是以服务为宗旨、以就业为导向、以化工为特色、以学生为中心、以能力为本位、以质量为核心、以改革创新为动力、以发展为保障、以就业竞争力为目标、以满意度为检验标准；学校的指导思想是以德立校、依法治校、质量强校、和谐兴校；学校的文化观念是技能化院，蝶变精彩，家有万金不如技能在身；学校的教育氛围是理想在胸、重任在肩、报效祖国、振兴中华；学校工作氛围是"三讲三不讲"（讲主观不讲客观、讲自己不讲别人、讲奉献不讲索取）；校风是团结、进取、责任、奉献，教风是尚德、精学、严教、爱生，学风是尊师、守纪、勤学、诚信，班风是朝气蓬勃、积极向上、团结协作、爱岗敬业，学生管理风格是以身作则、德才兼备、认真负责、积极主动、团结务实、无私奉献、讲究艺术、从严管理。

山东化工技师学院坚持"质量立校、内涵发展，突出特色、多元办学"的办学理念，秉持"行为学本，志强智达"的校训，以建设特色鲜明一流技师学院为目标，面向化工、服务社会。

广东省石油化工职业技术学校（原广东省化学工业学校）是一所以培养化工、机电、商贸、信息类专业技术人才为主的综合性全日制国家级重点中等职业技术学校，秉承"厚德长技"校训，坚持"以人为本、以德立校、以技兴校"的办学理念，坚持"立足广东、融入佛山、服务石化、面向全国"的办学定位，努力建设化工特色鲜明、国内一流的国家示范性职业技术学校。

第二节　化工科研文化

1. 化工科研院所文化

化工科研院所的代表性机构之一中国石油化工股份有限公司北京化工研究院（以下简称"北化院"）历史可以追溯到由著名爱国实业家范旭东先生、著名科学家侯德榜博士于1922年8月在天津塘沽成立的黄海化学工业研究社。北化院致力于建设世界一流的能源化工研究机构。牢记中国石化"爱我中华、振兴石化""为美好生活加油"的初心和使命，牢牢把握创新、协调、绿色、开放、共享发展主题，紧紧抓住转型升级、提质增效这条主线，积极实施技术先进战略、价值优先战略、服务优良战略、开放合作战略、持续发展战略。在工业催化、有机合成、高分子聚合、塑料加工、合成橡胶、化工环保、化学工程、分析表征和科技信息等方面形成了较坚实的学科基础和专业优势。研究院秉承"深化改革、创新发展"的经营理念，坚持"尊重劳动、尊重知识、尊重人才、尊重创造"的价值观念，以中国石化产业需求为导向，遵从科研规律、管理规律和市场规律，锐意创新、开拓进取，努力建设世界一流的能源化工研究机构，为海内外客户创造更优价值。北化院的企业愿景是建设世界一流的创新型石油化工研究机构，企业精神是创新、奉献、诚信、包容，创新是进步的灵魂，而思想是行动的先导。理念创新将指导企业的全面创新，它是企业可持续发展的活力源泉。奉献是指爱岗敬业，不畏艰难，永攀高峰。崇尚先进、学习先进、争当先进。企业成就员工，员工奉献企业，企业回报社会。诚信要求做事先做人。诚实守信、实事求是、求真务实是科研工作者的第一要素。对事业、对企业、对家庭、对祖国有担当、负责任。

沈阳化工研究院有限公司（以下简称"沈化院"）成立于1949年1月8日，是新中国成立最早的综合性化工科研院所之一。沈阳院的价值理念是做人诚信、合作、善于学习；做事认真、创新、追求卓越；沈阳院的价值观是忠诚、尊重、超越；忠诚是指忠诚于国家、忠诚于企业事业、忠诚于顾客。尊重要求企业尊重每位员工的人格、每位员工的权利、每位员工的创造、每位员工的贡献；员工尊重每位顾客。超越是指作为一个科技型、创新型企业，我们要不断超越自我、超越现实，不但在技术上要不断创新，在服务上也要不断创新，注重科研、生产、管理中的每次变革。沈化院的经营理念是兴化报国，成就自我；经营原则是产业报国的事业原则，勤奋创新的工作原则，学习自律的成长原则，谦和开放的合作原则，平等权威的组织原则，舒适健康的生活原则。沈阳院秉承"科学至上"核心价值理念，践行"认真、较真、求真"科研精神，全力打造"书香门第"企业文化，聚焦共性技术与关键技术，在产品开发、产业升级、业务驱动中构建核心技术，在产业化方面构建适度规模的高附加值盈利性业务，为化工行业及经济发展提供科技支撑、产业培育和人才供给，成为精细化工行业国内领先，国际有一定影响力的科技型企业。

2. 化工企业研发文化

2019年中国企业联合会、中国企业家协会发布2019年中国企业500强榜单，中国石油化工集团有限公司位列第一。中国石油化工集团有限公司（以下简称"中国石化"）的前身是成立于1983年7月的中国石油化工总公司。公司是中国最大的成品油和石化产品供应商、第二大油气生产商，是世界第一大炼油公司、第三大化工公司，加油站总数位居世界第二，在2018年《财富》世界500强企业中排名第3位。以"爱我中华、振兴石化"的企业精神和"三老四严""苦干实干""精细严谨"等优良传统为重要内涵的企业文化在中国石化的改革发展中起到了有力的引领与支撑作用，推进能源生产和消费革命，构建清洁低碳、安全高效的能源体系；加快发展先进制造业，推动互联网、大数据、人工智能和实体经济深度融合；培养造就一大批具有国际水平的战略科技人才、科技领军人才、青年科技人才和高水平创新团队。以能源、化工作为主营方向，做好战略布局和业务结构优化，在发展好传统业务的同时，不断开发和高效利用页岩气、地热、生物质能等新兴产业。开发绿色低碳生产技术，研发生产环保新材料，促进煤炭资源清洁化利用，努力成为绿色高效的能源化工企业。中国石化坚持"为美好生活加油"的企业使命，践行国家创新、协调、绿色、开放、共享五大发展理念，围绕公司价值引领、创新驱动、资源统筹、开放合作、绿色低碳五大发展战略，将社会责任融入企业管理与日常运营，与利益相关方共同开展能源化工、绿色行劫、携手伙伴、回馈社会、境外履责、责任管理六个方面的履责实践，努力创造经济、社会和环境的综合价值，推动企业与利益相关方共同可持续发展，不断满足人民对美好生活的需要。

2018年跻身世界企业500强第496位、中国石油和化工企业500强第7位的河南能源化工集团公司始终坚持把自主创新作为转变经济发展方式的重要途径，积极与国内数所著名高等院校、科研机构开展技术交流与合作，形成了以企业为主体、市场为导向、产学研相结合的自主创新体系。建成了国家级技术中心、博士后流动站、省级技术中心、省级工程技术研究中心、市级工程技术研究中心等研究机构，形成了具有强大科技研发能力的成果转化平台。公司员工规范：禁止以公司名义进行考察、谈判、签约、招投标、竞拍；以公司名义对外提供担保、证明；以公司名义对外发表意见；以公司名义进行捐助性、救济性和公益性支出活动等。要求员工刻苦钻研业务，苦练基本功和操作技能；精通本职工作，熟练掌握与本职工作相关的业务知识；精通业务规程、岗位操作规范，不断提高分析、认识、解决问题的能力；不断提高自身专业技术水平。勤奋工作，干一行，专一行；用心做事，追求卓越；干一流工作，创一流业绩，做一流员工；自强不息，坚持终身学习，不断充实更新业务知识和工作技能；主动学习新知识、新方法。增强保密意识，自觉遵守保密守则和保密纪律，工作中不该说、不该问、不该看、不该记的，绝对不说、不问、不看、不记。发现公司秘密已经泄露或者可能泄露时，应当立即采取补救措施并及时上报。集团年均科技投入超过全部营业收入的3%，科技进步对企业经济增长的贡献率达50%以上。公司秉承"团结拼搏、务实创新、担当作为、追求卓越"的企业精神，倾力建设"创新引领、绿色循环、低碳高效、国际一流"的现代企业集团。

化工领域最早在中国成立合资企业的外资企业之一巴斯夫公司（BASF，原德国巴登苯胺苏打厂）是1865年德国的实业家弗利德里希·恩格尔胡隆创建的。创建后20～30年间，通过公司开发的青蓝（indigo）、阴丹士林等染料占据市场，奠定了公司的基础。接着巴斯夫的研究人员开发和制造液体氯、触媒法黄散等，在无机化学领域里取得很大成功，并以此为契机，于1913年实现了合成氨的工业化，正式开创合成化学时代。创业初期的技术开发成了企业发展的动力，巴斯夫至今仍坚持重视研究开发的传统，对技术研究与开发工作十分重视，始终将其视为巩固和扩展市场份额的重要一环。1975—1980年，研究与开发费用平均占该公司销售总额的3.6%，20世纪80年代初，研究开发费用以及对研究机构和试验工厂的投资已超过11亿马克，从事研究与开发工作的人员已超过1万人。2015年，巴斯夫研发项目总数约3000个，研发支出增加到19.53亿欧元。运营部门的研发支出占总额的79%，其余21%用于跨部门研究，专注于对巴斯夫集团具有重要战略意义的长远课题。

致力于在华打造世界级制造基地的陶氏化学公司创建于1897年，公司总部设在美国密歇根州米德兰市。陶氏化学公司的创始人陶（Dow, Herbert Henry）是美国化学工业的先驱。他曾发明了从盐水中提取溴的电解法并获专利权。1890 年，他创办了米德兰化学公司，该公司是在美国化学工业中成功地利用直流发电机的第一家公司。1895 年，他建立了陶氏工艺公司，生产苛性钠和次氯酸钠，1897 年成立陶氏化学公司。公司用于研究与开发的投资平均每年增加 15%，1991 年用于研究和开发的费用为 11 亿美元，2017 年达到 15 亿欧元。陶氏在全球从事研究与开发的人员共有万余人，公司中每 7 人中就有 1 人从事研究与开发工作。公司的研究工作主要集中于维持产品品质、改变产品特性以及发展新产品及新技术。陶氏化学公司每年两次把亚太区前 50 家的大客户请到公司来，倾听他们对于技术趋势和行业发展趋势的看法。通过这样的活动，陶氏可以更长远地规划自己的技术研发方向和产品战略规划。

同中国有着长期合作关系的美国埃克森美孚石油公司（Exxon Mobil）（简称"埃克森美孚公司"），是世界领先的石油和石化公司，由洛克菲勒于 1882 年创建，总部设在美国得克萨斯州爱文市。埃克森美孚通过其关联公司在全球大约 200 个国家和地区开展业务，拥有 8.6 万名员工，其中包括大约 1.4 万名工程技术人才和科学家。埃克森美孚公司坚持"技术是我们的生命线""技术为我们引路"的理念，公司的科技战略就是：技术领先战略，迅速开发和应用先进技术使公司经济效益最大化，使公司保持强大的竞争力。根据这样的科技战略思路以确定主要的技术研究方案方向、科技组织与管理、科技投入、科技合作和人才培养。埃克森美孚公司认为公司未来的发展在某种程度上取决于先进的技术，技术是公司的生命线。埃克森美孚公司针对不同的业务板块实施了不同的技术研发战略：对于公司的上游技术研发，埃克森美孚坚持走自主研究与开发之路，而在下游和化工领域，尤其是化工技术，埃克森美孚公司则积极同世界一流的石化和化学公司结成技术联盟。在埃克森美孚公司看来，要想长期保持公司各业务领域在全球的领先地位和国际石油巨头的地位，必须要有强大的自主创新能力。对于技术的"外包"，埃克森美孚公司则认为这将会使公司在上游领域的技术水平丧失领先性。埃克森美孚公司在技术研发方面一直都奉行"做自己能做得最好的领域"的原则，不断开发和应用着包括海上作业平台、三维可视技术、四维油藏模拟、信息及控制等技术在内的众多先进的自有技术和工艺。同时，埃克森美孚公司还培养了一批优秀的技术研发人才队伍，为提高企业竞争力打下了坚实基础。

3.化工行业组织文化

中国石油和化学工业联合会于 2001 年 4 月 28 日在北京成立，是石油和化工行业具有服务和一定管理职能的全国性、综合性的社会行业组织。协会的主要任务是：以服务为宗旨，反映企业的呼声，维护企业的权益，积极探索适应社会主义市场经济体制要求的行业管理新机制；协助政府推进行业工作，以经济效益为中心，以结构调整为主线，促进行业技术进步和产业升级，提高石油和化学工业整体水平。中国石油和化学工业联合会作为社团组织，对内联合行业力量，对外代表中国石油和化工行业，加强与国外和境外同行的合作与交流。中国石油和化学工业联合会的业务职能包括：一是开展行业经济发展调查研究，向政府提出有关经济政策和立法方面的意见与建议；二是开展行业统计调查工作，建立统计调查制度，负责统计信息的收集、分析、研究和发布；三是参与制定行业规划，对行业内重大投资与开发、技术改造、技术引进项目进行前期论证；四是加强行业自律，规范行业行为，维护市场公平竞争；五是开展国内外经济技术交流与合作，组织展览会、技术交流会与学术报告会等；六是开展知识产权保护、反倾销、反补贴、打击走私等咨询服务工作；七是组织重大科研项目推荐，科技成果的鉴定和推广应用；八是组织开展质量管理，参与质量监督；九是参与制定、修订国家标准和行业标准，组织贯彻实施并进行监督等。

中国化工学会于1922年4月23日在北京成立。中国化学工业先驱侯德榜、吴蕴初、闵恩泽等一代代科技精英创建并壮大了中国化工学会，90多年来一直致力于中国化工科技的进步与发展。学会的宗旨是：认真履行为科学技术工作者服务、为创新驱动发展服务、为提高全民科学素质服务、为党和政府科学决策服务的职责定位；促进化工科学技术的繁荣和发展，促进化工科学技术的普及和推广，促进化工科学技术人才的成长和提高，促进化工科技与经济建设的结合，维护广大化工科技工作者的合法权益；建设开放型、枢纽型、平台型学会组织，把广大化工科学技术工作者更加紧密地团结凝聚在党的周围，为实现中华民族伟大复兴的中国梦而努力奋斗。

中国化工教育协会于1995年经原化工部申请、原国家教委批准、民政部注册登记成立，是中国石油和化工行业从事教育服务的国家一级社团组织。协会根据党和国家的教育方针，从石油和化工行业发展需求的视角，组织引领行业进行教育改革与创新的研究与实践，提高教育服务国家经济建设和化工行业现代化发展的能力。以构建终身教育体系，保障石油和化工行业人力资源需求，提高行业职工队伍素质为工作主线，以促进教育创新，深化教育改革，提高教育质量，加大职工培训力度为工作重点，发挥协会在院校与企业、政府教育部门之间的桥梁和纽带作用，促进化工教育事业的健康发展。

第三节 科研突出成就及产业政策导向

1. 胰岛素

蛋白质结构及功能的研究，是我国1956年制定的十二年科学技术发展规划中几个基本理论问题之一。蛋白质和核酸一起，构成生命现象最重要的物质基础，若能在生物体外，以化学方法人工合成蛋白质，就有可能为揭示生命奥秘打开一条新的道路。胰岛素是人和动物胰脏中分泌出来的一种蛋白质。人工合成牛胰岛素，不仅科学意义重大，还有哲学意义；不仅理论意义重大，还能为工业、农业、医药卫生事业开辟新的天地。中国科学工作者从1958年年底正式开始研究人工合成胰岛素课题。

胰岛素是人和动物的胰脏里一种形状像小岛似的细胞所分泌出的一种激素，能促进体内碳水化合物（如糖类和淀粉）的新陈代谢，并控制血液里的糖含量。如果缺少胰岛素，人体血液中的含糖量就会增加，使大量的糖分从尿中排出，形成糖尿病。在医学上，胰岛素是治疗糖尿病的特效药。胰岛素是一种蛋白质，20世纪50年代为人们已知的蛋白质分子结构就是牛胰岛素，促使我国科学家开展牛胰岛素合成研究。当时中国在多肽合成方面尚没有研究基础，合成所需的原料也很缺乏。但科研人员抓住了胰岛素拆分与重组合试验这一关键工作，经过600多次失败后，终于在1959年3月19日，成功地拆分了天然胰岛素的 A 链和 B 链。以后，中国科学院组织生化所、有机所、生理所、实验生物所、药物所和邀请北京大学师生，采取不同方法合成 A 链和 B 链，再进行胰岛素 A 链、B 链的半合成与全合成试验。1960 年以后，精简了队伍，由上海生化所钮经义、龚岳亭、邹承鲁、杜雨苍等，上海有机所汪猷、徐杰诚等，北京大学化学系季爱雪、邢其毅等，合作进行深入的实验研究。经过几年艰苦工作，1965 年 9 月 17 日，终于获得人工合成具有较高生物活性的牛胰岛素结晶，这是世界上第一次用人工方法合成一种具有生物活性的蛋白质。经鉴定委员会对人工合成胰岛素设计方案、试验方法、原始数据及逻辑推理等方面的全面检查，认定人工合成的结晶产物就是结晶牛胰岛素，是具有生物活力的结晶蛋白质，其实验数据可靠，分析测定指标完整，所得到的结晶牛胰岛素在生物活性结晶形状、免疫特性、层析及电泳行为等方面都和天然牛胰岛素相同。这一科学实验的成功，标志着人类在认识和解释生命奥秘的历程中迈出了决定意义的一步，标志着人工合成蛋白质的时代已经开始，也标志着中国在这方面的研究走在了世界的前列。这一成果也加速了与胰岛素有关的激素研究和应用，促进了胰岛素的作用原理和胰岛素晶体结构的研究，带动了生化试验与生化药物的发展，是中国基础研究中一项非常重要的研究成果。胰岛素晶体结构测定工作始于 1967 年 6 月。胰岛素是一种生物激素，是最小的一类蛋白质。蛋白质的生物活性不但和它的化学结构（通称一级结构）有关，也同其空间结构（通称三维结构）有密切关系。胰岛素晶体结构测定的目的，是确定胰岛素分子各个原子在三维空间的相对位置及相互关系，可以为进一步研究其生物活性的作用机理、探讨其结构与功能的关系提供重要的基础。研究组开展了胰岛素单晶体的培养、重原子衍生物的制备、X 射线卫射数据的收集与处理、结构因子相角的求算、电子密度图的分析与解释、结构模型的建立等工作。在 1970 年 9 月、1971 年 1 月先后完成基础分辨率的测定基础上，1973 年 8 月，由中国科学院物理所、生物物理所和北京大学有关人员组成的北京胰岛素晶体结构研究组，完成猪胰岛素晶体结构的测定工作。1982 年获国家自然科学奖一等奖。

人工合成胰岛素证实了恩格斯的伟大预言："生命是蛋白体的存在方式""只要把蛋白质的成分弄清楚以后，化学家就能着手制造出蛋白质来"。这一科研成果，不仅在自然科学发展方面有重大意义，而且在哲学上也有重大意义。关于生命起源问题，一直是唯物主义和唯心主义进行斗争的核心问题。1928 年，德国科学家首创人工合成尿素，把无机物变成了有机物，在历史上第一次证明了无机物和有机物之间并没有什么不可逾越的界限。这是人类认识生命现象的一次飞跃，是对唯心论的一次重大打击。现在我国科学工作者实现了人工合成蛋白质，这一成就使生命起源的唯物辩证学说又取得一项有力的新证据，人类在认识生命奥秘的进程中又迈进了一大步。

2. 青蒿素与诺贝尔奖

疟疾是危害人类最大的疾病之一，青蒿是中国传统治疟药物，公元 340 年葛洪在《肘后备急方》中提到可用青蒿浸剂治疗发烧。1200 多年以后，本草学家李时珍意识到青蒿能治疗疟疾，便把它纳入《本草纲目》中。

1631 年，意大利传教士萨鲁布里诺（Salumbrino）从南美洲秘鲁人那里获得了一种有效治疗热病的药物——金鸡纳树皮并将之带回欧洲用于热病治疗，不久人们发现该药对间歇热具有明显的缓解作用。1820 年法国化学家佩尔蒂埃和药学家卡文托从金鸡纳树皮分离治疗疟疾的有效成分并将之命名为奎宁（Quinine）。1944 年美国有机化学家伍德沃德与德林第一次成功地人工合成奎宁。此后，科学家们对抗疟药不断改进，形成了以奎宁等为代表抗疟药。这些抗疟药在人类防治疟疾方面起到了重要作用。19 世纪 30 年代，德国科学家合成了与天然化学结构相近的合成抗疟疾药物氯喹（Chloroquine）。然而，随着药物的大量长期使用，疟原虫的耐药性问题逐渐凸显出来。

20 世纪 60 年代初，恶性疟原虫在一些区域已经出现对氯喹的抗药性，尤以东南亚最为严重。当时，随着越南战争的逐步升级，抗氯喹恶性疟的侵袭困扰交战双方，导致作战部队大量减员。越南方面受条件所限，无力研制开发新药，于是请求中国帮助解决疟疾防治问题。中方派出研究人员进行了近 2 年的现场调查以及实地救助，意识到疟疾防治的迫切性与复杂性。因此，国家科学技术委员会和中国人民解放军总后勤部于 1967 年 5 月 23 日在北京召开有关部委、军委总部直属机构和有关省、直辖市、自治区、军区领导及有关单位参加的全国疟疾防治药物研究大协作会议，并提出开展全国疟疾防治药物研究的大协作工作。由于这是一项紧急的军工任务，为了保密起见，遂以开会日期为代号，简称"523 任务"，组织成立全国疟疾防治药物研究领导小组，成员有国家科委、国防科工委、解放军总后勤部、卫生部、化工部、中国科学院等部门，领导小组下设办事机构，负责处理日常事务与科研情况交流。1967 年 6 月，领导小组向参加单位下发《疟疾防治药物研究工作协作规划》，时间为 3 年；根据专业划分任务，成立化学合成药、中医中药、驱避剂、现场防治 4 个专业协作组，后来又陆续成立针灸、凶险型疟疾救治、疟疾免疫、灭蚊药械等专项研究的专业协作组。各专业协作组负责落实协作计划、进行学术与技术交流。1969 年中医研究院中药研究所加入。这个研究小组有 3 个研究项目，题目分别是"常山及其他抗疟有效中药的研究""民间防治疟疾有效药物的疗法的重点调查研究"和"针灸防治疟疾的研究"，参与单位有近 20 家。该研究小组除发现青蒿素之外，还有许多其他的研究成果，如对常山乙碱的改造、从植物鹰爪和陵水暗罗中分离出有效抗疟单体鹰爪甲素和一种名为暗罗素的金属化合物等。尤其是在对鹰爪甲素进行化学结构研究中，发现其为过氧化物，这为后来研究并合成新抗疟药提供了思路，并且在确定青蒿素的结构过程也起到十分重要的启发作用。"523 任务"制定的《中医中药、针灸防治疟疾研究规划方案》第二项为"民间防治疟疾有效药物和疗法的重点调查研究"。该方案的备注中列出了根据文献调查提出的作为重点研究的药物，其中列有青蒿（排在第 5 位）。1969 年，在军事医学科学院驻卫生部中医研究院军代表的建议下，"全国 523 办公室"邀请中医研究院中药研究所加入"523 任务"的"中医中药专业组"。北京中药所于 1969 年 1 月接受"523 任务"，并指定化学研究室的屠呦呦担任组长，组员是余亚纲和郎林福。1969 年 4 月，中医研究院编成了收集有 640 余方的《疟疾单秘验方集》。该验方集与当时其他文献类似，都是把与常山相关的验方列在最前面，其中第 15 页记载有青蒿，但并未对青蒿有特别的关注。1970 年，"全国 523 办公室"安排军事医学科学院的顾国明到北京中药所协助他们从传统中药中寻找抗疟药物。由于当时北京中药所的条件较差，筛选出的样品由顾国明送往军事医学科学院做鼠疟模型的研究。北京中药所档案显示，从 1970 年 2 月开始，屠呦呦小组一共送了 10 批 166 种样品到军事医学科学院进行检测，每一种样品都有相应的抑制率。其中，前 3 批样品大部分没有药物名称，只有溶剂提取物名称，主要溶剂为乙醇、乙醚、石油醚；第4批样品后面有特别注明"屠呦呦筛选"，同样没有具体药品名称，主要为一些酸性或碱性成分加水；从第5批样品开始均未有特别注明，但都写明了药物名称；第8批中最后一个药物为雄黄，抑制率为100%；第9批中也出现了几次雄黄，抑制率均在90%以上；青蒿出现在第10批样品中，抑制率显示为68%，其提取溶剂为乙醇。在筛选过程中雄黄的抑制率曾有过100%，青蒿的抑制率没有雄黄高，但考虑到雄黄为三氧化二砷类化合物，不适宜在临床上使用，因此退而求其次考虑抑制率排在其后的青蒿。1971年5月21日—6月1日全国疟疾防治研究工作座谈会在广州召开，会后，北京中药所重新组织了研究小组，屠呦呦仍任组长。1972年3月8日，屠呦呦作为北京中药所的代表，在"全国523办公室"主持的南京"中医中药专业组"会议上作题为《用毛泽东思想指导发掘抗疟中草药工作》的报告，报告了青蒿乙醚中性粗提物的鼠疟、猴疟抑制率达100%的结果，引起全体与会者的关注。资料显示，复筛时屠呦呦从本草和民间的"绞汁"服用的说法中得到启发，考虑到有效成分可能在亲脂部分，于是改用乙醚提取，这样动物效价才有了显著提高，使青蒿的动物效价由30%~40%提高到95%以上。屠呦呦最先提取出对鼠疟原虫具有100%抑制率的青蒿乙醚中性成分，成为整个青蒿素研发过程中最为关键的一步，同时也开启了其他单位研究青蒿素的大门。从1971年1月起，屠呦呦小组开始大量提取青蒿乙醚提取物，并于当年6月底完成了动物毒性试验。1972年8月，屠呦呦带队在海南岛开展青蒿乙醚中性提取物的临床疗效试验。1972年11月8日，改用上海试剂厂生产的硅胶柱分离，然后用石油醚和乙酸乙酯-石油醚（不同比例）多次洗脱。最先获得少量的针状结晶，当时结晶的叫法比较多，并没有统一。同年12月初，经鼠疟试验证明，"针晶Ⅱ"是唯一有抗疟作用的有效单体。此后，北京中药所向"全国523办公室"汇报时，将抗疟有效成分"针晶Ⅱ"改称为"青蒿素Ⅱ"，有时也称青蒿素，两个名字经常混着用。再后，北京中药所均称"青蒿素Ⅱ"为青蒿素。参加南京会议的山东省寄生虫病研究所研究人员回山东后，借鉴北京中药所的经验，用乙醚及酒精对山东产的黄蒿进行提取，经动物试验，获得较好的效果，并于1972年10月21日向"全国523办公室"作了书面报告。

    1973年初，北京中药所开始着手对青蒿素Ⅱ进行结构测定，由于他们的化学研究力量和仪器设备薄弱，结果不太理想。他们联系到中国科学院上海有机化学研究所，屠呦呦等于1975年与中国科学院生物物理研究所取得联系并开展协作，用当时国内先进的X衍射方法测定青蒿素的化学结构。完整、确切的青蒿素结构最后是由生物物理所的李鹏飞、梁丽等在化学结构推断的基础上，利用生物物理所的四圆X射线衍射仪，测得了一组青蒿素晶体的衍射强度数据。研究人员采用一种基于概率关系而从衍射强度数据中获取相位数据的数学方法，利用北京计算中心计算机进行计算，在1975年底至1976年初得到了青蒿素的晶体结构；后在精细地测定反射强度数据的基础上，确立了青蒿素的绝对构型。1973年，北京中药所海南开展临床验证，一共做了8例临床，其中恶性疟5例、间日疟3例。结果显示，青蒿素对间日疟有效，但是未能证明对恶性疟的效果。山东省黄花蒿协作组1974年5月中上旬在山东巨野县城关东公社朱庄大队用黄花蒿素对10例间日疟患者进行临床观察，效果很好。1974年9月，云南临床协作组经北京和云南地区"523办公室"领导的同意进行临床验证。当年年底，广东医疗队共验证了18例，其中恶性疟14例（包括孕妇脑型疟1例、黄疸型疟疾2例）、间日疟4例。汇集之前云南协作组验证的 3 例患者，云南提取的黄蒿素首次共验证了 21 例病人，其中间日疟 6 例、恶性疟 15 例，全部有效。所以，此次试验明确了黄蒿素对恶性疟疾的效果。1975 年 2 月底，在北京召开各地区"523 办公室"和部分承担任务单位负责人会议。鉴于 1972 年以来青（黄花）蒿实验研究的情况，尤其是黄蒿素在云南治疗恶性疟取得的良好疗效，青（黄花）蒿素被列入 1975 年"523 任务"的研究重点。1975 年 4 月，在成都召开了"523 任务"中医中药专业座谈会。由于前一年李国桥等用黄蒿素治疗恶性疟取得了良好效果，制定了当年的研究计划，开始进行全国大会战扩大临床验证，参加青蒿及青蒿素研究的单位和人员大量增加。为了统一临床诊断及验证标准，在下现场之前，"523 办公室"在海南组织专家对参与临床验证的工作人员进行了疟原虫观察方法、体温测定时间等相关知识的培训。截至 1978 年 11 月青蒿素治疗疟疾科研成果鉴定会时，参与青蒿及青蒿素研究和协作的单位有 45 家之多。这些单位用青蒿粗制剂、青蒿素共进行了 6555 例的临床验证，用青蒿素制剂治疗的有 2099 例，其中恶性疟 588 例（含脑型疟 141 例）、间日疟 1511 例。大量临床结果证明青蒿素对疟疾具有速效、低毒的特点，但是用后其"复燃率"很高，而且只能口服。为解决青蒿素生物利用度低、复燃率高以及因溶解度小而难以制成注射剂液用于抢救严重病人的问题，"全国 523 办公室"根据当时各承担"523 任务"单位的技术设备和研究力量等实际情况考虑，于 1976 年 2 月将青蒿素结构改造的任务下达给中国科学院上海药物研究所，上海药物所接受任务后，将合成化学室、植物化学室、药理室的"523 研究小组"作了具体分工。合成组负责青蒿素结构小改造（李良泉、李英负责），合成组在已有的青蒿素化学反应研究的基础上，开展了化学结构和抗疟活性关系的研究。他们发现青蒿素中的过氧基团是抗疟活性的必需基团；还发现双氢青蒿素的效价比青蒿素高 1 倍，又从双氢青蒿素出发合成了它的醚类、羧酸酯类和碳酸酯类衍生物。通过动物试验，发现几十个衍生物的抗疟活性几乎都高于青蒿素；其中，名为"蒿甲醚"的油溶性大、性质稳定，抗疟活性是青蒿素的 6 倍，因而被选中为重点研究对象，发展了用硼氢化钾替代硼氢化钠的一步法工艺。1978 年 9 月，在完成药学、药理、药代、药效、毒理、制剂等实验研究后，领导小组批准蒿甲醚在海南岛进行首次临床试验。该次试验由广州中医学院"523 临床研究小组"负责，上海药物所将临床用药送到海南岛并参加了临床观察。临床试验证明疗效很好，为扩大临床试验，在"全国 523 办公室"的协调下，云南昆明制药厂承担了试制蒿甲醚的任务。1977 年 5 月，"全国 523 办公室"在广西南宁召开"中西医结合防治疟疾专业座谈会"。上海药物所的代表在会上介绍了青蒿素衍生物的合成和抗鼠疟效价。会后，在广西化工局一位总工程师的建议下，桂林制药厂参与到青蒿素结构改造的研究工作中来。1977 年 6 月，桂林制药厂参加"全国 523 办公室"在上海召开的疟疾防治研究合成药专业会议后，立即进行青蒿素衍生物的合成。先在青蒿素的还原反应中，将该厂已有的原料硼氢化钾成功替换为硼氢化钠。同年 8 月，刘旭等设计合成了 10 多个青蒿素衍生物；其中双氢青蒿素的琥珀酸半酯在鼠疟筛选中抗疟效价比青蒿素高 3~7 倍，可生成溶于水的钠盐，用于制备水溶性静脉注射剂，是救治重症疟疾的速效、方便使用的剂型。1980 年初夏，昆明制药厂参与扩大中试。昆明制药厂完成蒿甲醚及其油针剂的试产任务，为蒿甲醚大规模临床试验提供了全部用药。

20 世纪 80 年代初，青蒿素类单药（青蒿素、蒿甲醚、青蒿琥酯）问世不久，仍在临床试验阶段，对恶性疟表现出高效、速效和低毒的治疗效果，但3～5天疗程杀虫不彻底，易复燃，在长期广泛使用单药时可能会使疟原虫较快产生抗性。1982年下半年，军事医学科学院周义清和滕翕和向中国青蒿素及其衍生物研究指导委员会提出"合并用药延缓青蒿素抗性产生的探索研究"立题申请，得到批准，并提供启动经费。过去复方组方思路是组成药物之间的作用应该是协同增效，代谢半衰期相似。通过组织自主研发的本芴醇与青蒿素组方，进行了相应的药理、毒理等实验研究之后，发现这种组方既显示出速效的特点，又有治愈率高的优点。最后经过鼠疟、猴疟的各种实验之后发现蒿甲醚和本芴醇1∶6配比适宜，并于1992年完成了全部研究工作；当年通过新药审评，获得了复方蒿甲醚片新药证书和新药生产批件，由昆明制药厂生产。青蒿素类抗疟药组成复方或联合用药，已被世界卫生组织（WHO）确定为全球治疗疟疾必须使用的唯一用药方法。

各研究单位在青蒿素的药理、毒理等方面也做了大量的工作，还开展了青蒿素的含量测定研究。1977年2月，"全国523办公室"在山东省中医药研究所举办第一次青蒿素含量测定技术交流学习班。同年9月，在北京中药所举办第二次青蒿素含量测定技术交流学习班，邀请了卫生部药品生物制品检定所的严克东指导，以南京药学院和广州中医学院建立的紫外分光度法为基础，经过集体讨论改进了操作方法，最后由相关单位共同完成《紫外分光光度法测定青蒿素含量》文稿于1983年公开发表。青蒿素质量标准则是以北京中药所曾美怡起草的质量标准为主，参考云南和山东两单位起草的内容，共同整理制订出全国统一的青蒿素质量标准。

1989年上半年由国家科委牵头，会同国家医药总局、卫生部、农业部和经贸部共同召开了"关于推广和开发青蒿素类抗疟药国际市场"的工作座谈会，决定抗疟药国际开发归口国家科委负责，从此推广和开发青蒿素类抗疟药国际市场工作在国家科委领导下统一对外。1989年下半年，国家科委社会发展司分别与中信技术公司等国内大型国有外贸公司签订了《开拓青蒿素类抗疟药国际市场合同》。1994年9月20日瑞士汽巴嘉基公司和中方的《许可和开发协议》正式签署，10月17日得到国家科委社会发展司的批准。1994年12月2日双方联合召开新闻发布会"中瑞双方合作研制开发新一代青蒿素系列抗疟药"，中国的药品终于成功打入国际市场，这也是中国第一个自主研发打入国际市场的药物。

青蒿素是从中国中医药宝库中发掘出的一种新型抗疟药，能成功地用于抢救凶险型恶性疟疾患者。青蒿素具有十分奇特的结构，分子结构中含有过去未曾见到过的氧团，有7个手性中心，人工合成难度很大。科研人员经过大量试验，终于在1982年完成天然青蒿素的人工合成。1987年获国家发明奖二等奖。蒿甲醚于1981年通过鉴定，1996年获国家发明奖三等奖。蒿甲醚是中国第一个被国际公认的合成药物，已被世界卫生组织列为治疗凶险型疟疾的首选药。1995年载入国际药典。2001年，世界卫生组织（世卫组织）向恶性疟疾流行的所有国家推荐以青蒿素为基础的联合疗法。

屠呦呦，女，1930年12月30日生，药学家，中国中医研究院终身研究员兼首席研究员，青蒿素研究开发中心主任，1980年被聘为硕士生导师，2001年被聘为博士生导师。多年从事中药和中西药结合研究，突出贡献是创制新型抗疟药青蒿素和双氢青蒿素。2011年9月，获得被誉为诺贝尔奖"风向标"的拉斯克奖。2015年，中国女科学家屠呦呦因发现青蒿素（$C_{15}H_{22}O_5$）而获得诺贝尔生理学或医学奖。从传统中药青蒿中分离出的青蒿素及其衍生物，由于其在治疗恶性疟和间日疟中表现出的高效、速效、低毒，以及与其他抗疟药物无交叉抗药性，已成为国际上广泛应用于治疗疟疾的首选抗疟药物，为解除全球数百万疟疾患者的病痛作出了巨大贡献。屠呦呦获得诺贝尔奖的颁奖词指出："对抗疟疾的传统药物是氯喹或奎宁，但其疗效正在减低。20世纪60年代末，根除疟疾的努力遭遇挫折，这种疾病的发病率呈上升趋势。中国科学家屠呦呦将目光转向传统中草药，以研发对抗疟疾的新疗法。她筛选了大量中草药，最终锁定了青蒿这种植物，但效果并不理想。屠呦呦查阅了大量古代中医书籍，获得了指导其研发的线索和灵感，最终成功提取出了青蒿中的有效物质，之后命名为青蒿素。屠呦呦是第一个发现青蒿素对杀死疟疾寄生虫有显著疗效的科学家。青蒿素不管是在受感染的动物抑或受感染病人身上都有显著疗效。青蒿素能在疟疾寄生虫生长初期迅速将其杀死，这也能解释它在对抗严重疟疾上的强力功效。""屠呦呦发现了青蒿素，这种药品有效降低了疟疾患者的死亡率"，其"科研发现的全球影响及其对人类福祉的改善是无可估量的。"

3. 部分化工及相关产业政策导向

（1）石化行业

工业和信息化部发布的《石化和化学工业发展规划（2016—2020年）》提出，石化和化学工业是国民经济的重要支柱产业，经济总量大，产业关联度高，与经济发展、人民生活和国防军工密切相关，在我国工业经济体系中占有重要地位。改革开放以来，我国石化和化学工业发展取得了长足进步，基本满足了经济社会发展和国防科技工业建设的需要。"十二五"时期，面对国内经济增长速度换挡期、结构调整阵痛期、前期刺激政策消化期三期叠加的复杂形势和世界经济复苏艰难曲折的外部环境，我国石化和化学工业积极应对各种风险和挑战，大力推进"转方式、调结构"，全行业总体保持平稳较快发展，综合实力显著增强，为促进经济社会健康发展做出了突出贡献。主要表现在：综合实力显著增强。"十二五"期间我国石化和化学工业继续维持较快增长态势，产值年均增长9%，工业增加值年均增长9.4%，2015年行业实现主营业务收入11.8万亿元。我国已成为世界第一大化学品生产国，甲醇、化肥、农药、氯碱、轮胎、无机原料等重要大宗产品产量位居世界首位。主要产品保障能力逐步增强，乙烯、丙烯的当量自给率分别提高到50%和72%，化工新材料自给率达到63%。结构调整稳步推进。区域布局进一步改善，建成了22个千万吨级炼油、10个百万吨级乙烯基地，形成了长江三角洲、珠江三角洲、环渤海地区三大石化产业集聚区；建成云贵鄂磷肥、青海和新疆钾肥等大型化工基地以及蒙西、宁东、陕北等现代煤化工基地。化工园区建设取得新进展，产业集聚能力持续提升，已建成32家新型工业化示范基地。产品结构调整持续深化，22种高毒农药产量降至农药总产量的2%左右，高养分含量磷复肥在磷肥中比例达到90.8%，离子膜法烧碱产能比例提高到98.6%，子午线轮胎产量比重提高到90.9%。随着新型煤化工和丙烷脱氢等技术获得突破，非石油基乙烯和丙烯产量占比提高到12%和27%，有效提高了我国石化化工产品的保障能力。科技创新能力显著提升。企业的创新主体地位进一步增强，建成了数百个石化化工企业技术中心。高强碳纤维、六氟磷酸锂、反渗透膜、生物基增塑剂等一批化工新材料实现产业化，一些拥有特色专有技术的中小型化工企业逐渐成为化工新材料和高端专用化学品领域创新的主体。氯碱用全氟离子交换膜、湿法炼胶等生产技术实现突破，建成了万吨级煤制芳烃装置。对二甲苯和煤制烯烃等一批大型石化、煤化工技术装备实现国产化，部分已达到国际先进水平。节能减排取得成效。在全国率先建立能效领跑者发布制度，涌现出一批资源节约型、环境友好型化工园区和生产企业。2011—2014年，全行业万元产值综合能耗累计下降20%，重点耗能产品单位能耗目标全部完成。行业主要污染物排放量持续下降。2014年石化和化学工业万元产值化学需氧量、氨氮和二氧化硫的排放强度分别为0.43千克/万元、0.07千克/万元和1.79千克/万元，较2010年分别下降47.6%、40%和23.5%。煤化工、农药、染料等行业污染防治水平得到了进一步提升，磷矿石等化学矿产资源综合利用率不断提高，重金属排放得到了有效控制。超过90%的规模以上生产企业应用了过程控制系统，生产过程基本实现了自动化控制。生产优化系统、生产制造执行、企业资源计划管理系统也已在企业中大范围应用，生产效率进一步提高。石化、轮胎、化肥、煤化工、氯碱、氟化工等行业率先开展智能制造试点示范。国际合作成果显著，行业对外开放水平不断提高。巴斯夫、沙特基础工业公司、杜邦等国际化工跨国公司积极拓展在华业务，建设研发中心和生产基地，发展高新技术产业，产品档次明显提升。国内石化化工企业开展了一系列有影响力的跨国并购，中国化工收购马克西姆-阿甘公司、倍耐力公司等取得较好成效，提高了国内行业全产业链竞争优势。轮胎行业在天然橡胶资源丰富的东南亚地区重点布局，投资建设多家工厂。氮肥行业已向孟加拉国、巴西、越南、新西兰等国家输出合成氨、尿素生产技术。钾肥行业在海外10多个国家投资了20余个项目，弥补了国内钾肥供应不足。

"十二五"期间，我国石化和化学工业经济总量和发展质量都有较大的进步，但与发达国家相比，发展水平仍有差距。主要表现在：结构性矛盾较为突出。传统产品普遍存在产能过剩问题，电石、烧碱、聚氯乙烯、磷肥、氮肥等重点行业产能过剩尤为明显。以乙烯、对二甲苯、乙二醇等为代表的大宗基础原料和高技术含量的化工新材料、高端专用化学品国内自给率偏低，工程塑料、高端聚烯烃塑料、特种橡胶、电子化学品等高端产品仍需大量进口。行业创新能力不足。科技投入整体偏低，前瞻性原始创新能力不强，缺乏前瞻性技术创新储备，达到国际领先水平的核心技术较少。核心工艺包开发、关键工程问题解决能力不强，新一代信息技术的应用尚处于起步阶段，科技成果转化率较低，科技创新对产业发展的支撑较弱。安全环保压力较大，"化工围城""城围化工"问题日益显现，加之部分企业安全意识薄弱，安全事故时有发生，行业发展与城市发展的矛盾凸显，"谈化色变"和"邻避效应"对行业发展制约较大。随着环保排放标准不断提高，行业面临的环境生态保护压力不断加大。产业布局不尽合理。石化和化学工业企业数量多、规模小、产能分布分散，部分危险化学品生产企业尚未进入化工园区。同时，化工园区"数量多、分布散"的问题较为突出，部分园区规划、建设和管理水平较低，配套基础设施不健全，存在安全环境隐患。

石化产业未来的发展环境是："十三五"时期是我国石化和化学工业转型升级、迈入制造强国的关键时期，行业发展面临的环境严峻复杂，有利条件和制约因素相互交织，增长潜力和下行压力同时并存。从国际看，世界经济复苏步伐艰难缓慢，国际金融危机冲击和深层次影响在相当长时期依然存在，贸易保护主义升温。美国大规模开发页岩气、页岩油，伊朗重返国际原油市场，化石能源替代技术快速发展给国际油价回升带来较大不确定性。中东、北美等低成本油气资源产地的石化产能陆续投产，全球石化产品市场重心进一步向东亚和南亚地区转移，部分石化产品市场竞争更加激烈。同时，"一带一路"建设的深入实施，为国内企业参与国际合作提供了新的机遇。从国内看，"十三五"是全面建成小康社会的决胜期，随着新型工业化、信息化、城镇化和农业现代化加快推进，特别是《中国制造2025》、京津冀一体化、长江经济带等国家战略的全面实施，我国经济将继续保持中高速增长，为石化和化学工业提供了广阔的发展空间。战略性新兴产业和国防科技工业的发展，制造业新模式、新业态的涌现，人口老龄化加剧以及消费需求个性化、高端化转变，亟须绿色、安全、高性价比的高端石化化工产品。同时，我国经济发展正处于增速换挡、结构调整、动能转换的关键时期，石化和化学工业进入新的增长动力孕育和传统增长动力减弱并存的转型阶段，行业发展的安全环保压力和要素成本约束日益突出，供给侧结构性改革、提质增效、绿色可持续发展任务艰巨。从需求预测看，"十三五"期间，在稳步推进新型城镇化和消费升级等因素的拉动下，石化化工产品市场需求仍将保持较快增长。2015年我国城镇化率约为56%，预计到2020年将超过60%，超过5000万人将从农村走向城市，新型城镇化和消费升级将极大地拉动基础设施和配套建设投资，促进能源、建材、家电、食品、服装、车辆及日用品的需求增加，进而拉动石化化工产品需求持续增长。同时，2020年我国将全面建成小康社会，居民人均收入将比2010年翻一番，社会整体消费能力将增长120%以上，居民消费习惯也将从"温饱型"向"发展型"转变，对绿色、安全、高性价比的高端石化化工产品的需求增速将超过传统产业。

石化产业未来发展的指导思想、发展原则和规划目标是：指导思想上，牢固树立创新、协调、绿色、开放、共享的发展理念，以《中国制造2025》和《国家创新驱动发展战略纲要》为行动纲领，以提质增效为中心，以供给侧结构性改革为主线，深入实施创新驱动发展战略和绿色可持续发展战略，着力改造提升传统产业，加快培育化工新材料，突破一批具有自主知识产权的关键核心技术，打造一批具有较强国际影响力的知名品牌，建设一批具有国际竞争力的大型企业、高水平化工园区和以石化化工为主导产业的新型工业化产业示范基地，不断提高石化和化学工业的国际竞争力，推动我国从石化和化学工业大国向强国迈进。发展原则上坚持创新驱动，把科技创新作为引领发展的第一动力，提高科技创新对产业发展的支撑和引领作用，强化企业技术创新主体地位，推动产业链协同创新，着力突破一批智能制造和大型成套装备等核心关键共性技术，为建设石化和化学工业强国提供技术支撑。坚持安全发展，深入实施责任关怀，强化安全生产责任制，推进危险化学品全程追溯和城市人口密集区生产企业转型或搬迁改造，提升危险化学品本质安全水平。完善化工园区基础设施配套，加强安全生产基础能力和防灾减灾能力建设。坚持绿色发展，发展循环经济，推行清洁生产，加大节能减排力度，推广新型、高效、低碳的节能节水工艺，积极探索有毒有害原料（产品）替代，加强重点污染物的治理，提高资源能源利用效率。坚持融合发展，推动新一代信息技术与石化和化学工业深度融合，推进以数字化、网络化、智能化为标志的智能制造。加快石化化工制造业与生产性服务业融合，促进生产型制造向服务型制造转变，培育新型生产方式和商业模式，拓宽产业发展空间。促进军民融合，推动石化化工行业与军工科技、军工经济融合发展。坚持开放合作，加强国际交流与合作，统筹国内国际"两种资源、两个市场"，促进引资与引智并举,支持有条件的企业开展境外能源和矿产资源开发利用与合作,积极参与国际并购和重组,培育国际经营能力,加快境外生产基地及合作园区建设,形成优进优出、内外联动的开放型产业新格局。"十三五"期间,石化和化学工业结构调整和转型升级取得重大进展,质量和效益显著提高,向石化和化学工业强国迈出坚实步伐。"十三五"期间石化和化学工业增加值年均增长8%,销售利润率小幅提高,2020年达到4.9%。结构调整目标:传统化工产品产能过剩矛盾有效缓解,烯烃、芳烃等基础原料和化工新材料保障能力显著提高,环境友好型农药产量提高到70%以上,新型肥料比重提升到30%左右,形成一批具有国际竞争力的大型企业集团、世界级化工园区和以石化化工为主导产业的新型工业化产业示范基地,行业发展质量和竞争能力明显增强。创新驱动科研投入占全行业主营业务收入的比重达到1.2%。产学研协同创新体系日益完善,在重点领域建成一批国家和行业创新平台,突破一批重大关键共性技术和重大成套装备,形成一批具有成长性的新的经济增长点。绿色发展目标:"十三五"末,万元GDP用水量下降23%,万元GDP能源消耗、二氧化碳排放降低18%,化学需氧量、氨氮排放总量减少10%,二氧化硫、氮氧化物排放总量减少15%,重点行业挥发性有机物排放量削减30%以上。两化融合(即信息化和工业化的高层次的深度结合)目标:企业两化融合水平大幅提升,实现信息化综合集成的企业比例达到35%。石化化工智能工厂标准体系基本建立,在石化、煤化工、轮胎、化肥等领域建成一批石化智能工厂和数字车间。建成若干智慧化工园区,开展石化化工行业工业互联网试点。

(2)煤炭行业

国家发展和改革委员会、国家能源局发布的《煤炭工业发展"十三五"规划》指出:煤炭是我国的基础能源和重要原料。煤炭工业是关系国家经济命脉和能源安全的重要基础产业。在我国一次能源结构中,煤炭将长期是主体能源。"十二五"时期,保障能力更加稳固。煤炭地质勘查取得积极进展,新增查明资源储量近2300亿吨。煤炭生产开发布局逐步优化,大型煤炭基地成为煤炭供应的主体和综合能源基地建设的重要依托。煤炭生产效率显著提升,煤炭输送通道长期瓶颈制约基本消除,有力保障了国民经济发展需要。产业结构显著优化。在大型煤炭基地内建成一批大型、特大型现代化煤矿,安全高效煤矿760多处,千万吨级煤矿53处;加快关闭淘汰和整合改造,"十二五"共淘汰落后煤矿7100处、产能5.5亿吨/年,煤炭生产集约化、规模化水平明显提升。积极推进煤矿企业兼并重组,产业集中度进一步提高。煤炭上下游产业融合发展加快,建成一批煤、电、化一体化项目。安全生产形势持续好转。加大安全投入,推进安全基础建设,完善安全监管监察体制机制,强化安全生产责任落实,煤矿安全保障能力进一步提升。2015年,全国发生煤矿事故352起、死亡598人,与2010年相比,减少1051起、1835人,煤矿百万吨死亡率从0.749下降到0.162。科技创新迈上新台阶:年产千万吨级综采成套设备、年产2000万吨级大型露天矿成套设备实现国产化,智能工作面技术达到国际先进水平。大型选煤技术和装备国产化取得新进展:百万吨级煤制油和60万吨煤制烯烃等煤炭深加工示范项目实现商业化运行。低透气性煤层瓦斯抽采等技术取得突破,形成采煤采气一体化开发新模式。矿区生态环境逐步改善:推动采煤沉陷区和排矸场综合治理,矿区生态修复和环境治理成效明显;大力发展煤矿清洁生产和循环经济,煤矸石、矿井水、煤层气（煤矿瓦斯）等资源综合利用水平不断提高。棚户区改造加快推进，职工生产生活环境进一步改善。煤炭行业改革不断深化。取消重点电煤合同和电煤价格双轨制，煤炭市场化改革取得实质性进展。实施煤炭资源税从价计征改革，扩大煤炭企业增值税抵扣范围，清理涉煤收费基金，减轻了煤炭企业负担。取消煤炭生产许可证、煤炭经营许可证等一批行政审批事项。煤炭领域国际交流不断深化，对外合作取得积极进展。

煤炭工业取得了长足进步，但发展过程中不平衡、不协调、不可持续问题依然突出。煤炭产能过剩。受经济增速放缓、能源结构调整等因素影响，煤炭需求下降，供给能力过剩。手续不全在建煤矿规模仍然较大，化解潜在产能尚需一个过程。结构性矛盾突出。煤炭生产效率低，人均工效与先进产煤国家差距大。煤矿发展水平不均衡，先进高效的大型现代化煤矿和技术装备落后、安全无保障、管理水平差的落后煤矿并存，年产30万吨及以下小煤矿仍有6500多处。煤炭产业集中度低，企业竞争力弱，低效企业占据大量资源，市场出清任务艰巨。清洁发展水平亟待提高。煤炭开采引发土地沉陷、水资源破坏、瓦斯排放、煤矸石堆存等，破坏矿区生态环境，恢复治理滞后。煤炭利用方式粗放，大量煤炭分散燃烧，污染物排放严重，大气污染问题突出，应对气候变化压力大。安全生产形势依然严峻。煤矿地质条件复杂，水、火、瓦斯、地温、地压等灾害愈发严重。东中部地区部分矿井开采深度超过1000米，煤矿事故多发，百万吨死亡率远高于世界先进国家水平。煤炭经济下行，企业投入困难，安全生产风险加剧。科技创新能力不强：煤炭基础理论研究薄弱，共性关键技术研发能力不强，煤机成套装备及关键零部件的可靠性和稳定性不高；煤炭科技研发投入不足，企业创新主体地位和主导作用有待加强，科技创新对行业发展的贡献率低。体制机制有待完善：煤矿关闭退出机制不完善，人员安置和债务处理难度大，退出成本高；煤炭企业负担重，国有企业办社会等历史遗留问题突出；部分国有煤炭企业市场主体地位尚未真正确立，市场意识和投资决策水平亟待提高。煤炭行业面临新的发展形势："十三五"时期，煤炭工业发展面临的内外部环境更加错综复杂。从国际看，世界经济在深度调整中曲折复苏、增长乏力，国际能源格局发生重大调整，能源结构清洁化、低碳化趋势明显，煤炭消费比重下降，消费重心加速东移，煤炭生产向集约高效方向发展，企业竞争日趋激烈，外部风险挑战加大。能源格局发生重大调整：受能源需求增长放缓、油气产量持续增长、非化石能源快速发展等因素影响，能源供需宽松，价格低位运行。能源供给多极化，逐步形成中东、中亚－俄罗斯、非洲、美洲多极发展新格局；发达国家能源消费趋于稳定，发展中国家能源消费较快增长。能源结构调整步伐加快，清洁化、低碳化趋势明显，煤炭在一次能源消费中的比重呈下降趋势；能源科技创新日新月异，以信息化、智能化为特征的新一轮能源科技革命蓄势待发。煤炭消费重心加速向亚洲转移：主要煤炭消费地区分化，受日趋严格的环保要求、应对气候变化、廉价天然气替代等因素影响，美国和欧洲等发达地区煤炭消费持续下降；印度和东南亚地区经济较快增长，电力需求旺盛，煤炭消费保持较高增速，成为拉动世界煤炭需求的重要力量，为我国煤炭企业"走出去"带来了新的机遇。煤炭生产向集约高效方向发展：全球煤炭新建产能陆续释放，煤炭供应充足，市场竞争日趋激烈。为应对市场竞争，主要产煤国家提高生产技术水平、关停高成本煤矿、减少从业人员、压缩生产成本、提高产品质量，提升产业竞争力；世界煤炭生产结构进一步优化，煤矿数量持续减少，煤矿平均规模不断扩大，生产效率快速提升，煤炭生产规模化、集约化趋势明显。从国内看,经济发展进入新常态,从高速增长转向中高速增长,向形态更高级、分工更优化、结构更合理的阶段演化,能源革命加快推进,油气替代煤炭、非化石能源替代化石能源双重更替步伐加快,生态环境约束不断强化,煤炭行业提质增效、转型升级的要求更加迫切,行业发展面临历史性拐点。煤炭的主体能源地位不会变化。我国仍处于工业化、城镇化加快发展的历史阶段,能源需求总量仍有增长空间。立足国内是我国能源战略的出发点,必须将国内供应作为保障能源安全的主渠道,牢牢掌握能源安全主动权。煤炭占我国化石能源资源的 90% 以上,是稳定、经济、自主保障程度最高的能源。煤炭在一次能源消费中的比重将逐步降低,但在相当长时期内,主体能源地位不会变化。必须从我国能源资源禀赋和发展阶段出发,将煤炭作为保障能源安全的基石。能源需求增速放缓。在经济增速趋缓、经济转型升级加快、供给侧结构性改革力度加大等因素共同作用下,能源消费强度降低,能源消费增长换挡减速。我国能源结构步入战略性调整期,能源革命加快推进,由主要依靠化石能源供应转向由非化石能源满足需求增量。天然气、核能和可再生能源快速发展,开发利用规模不断扩大,对煤炭等传统能源替代作用增强,预计到 2020 年,非化石能源消费比重达 15% 左右,天然气消费比重达 10% 左右,煤炭消费比重下降到 58% 左右。生态环保和应对气候变化压力增加。我国资源约束趋紧,环境污染严重,人民群众对清新空气、清澈水质、清洁环境等生态产品的需求迫切。我国是二氧化碳排放量最大的国家,已提出 2030 年左右二氧化碳排放达到峰值的目标,国家将保护环境确定为基本国策,推进生态文明建设,煤炭发展的生态环境约束日益强化,必须走安全绿色开发与清洁高效利用的道路。

  煤炭工业发展迎来诸多历史机遇:"一带一路"建设、京津冀协同发展、长江经济带发展三大国家战略的实施,给经济增长注入了新动力。国家将煤炭清洁高效开发利用作为能源转型发展的立足点和首要任务,为煤炭行业转变发展方式、实现清洁高效发展创造了有利条件。国家大力化解过剩产能,为推进煤炭领域供给侧结构性改革、优化布局和结构创造了有利条件。现代信息技术与传统产业深度融合发展,为煤炭行业转换发展动力、提升竞争力带来了新的机遇。综合判断,煤炭行业发展仍处于可以大有作为的重要战略机遇期,也面临诸多矛盾叠加、风险隐患增多的严峻挑战。必须切实转变发展方式,加快推动煤炭领域供给侧结构性改革,着力在优化结构、增强动力、化解矛盾、补齐短板上取得突破,提高发展的质量和效益,破除体制机制障碍,不断开拓煤炭工业发展新境界。

  煤炭工业指导方针和发展目标:牢固树立创新、协调、绿色、开放、共享的发展理念,适应把握引领经济发展新常态,遵循"四个革命,一个合作"的能源发展战略思想,以提高发展的质量和效益为中心,以供给侧结构性改革为主线,坚持市场在资源配置中的决定性作用,着力化解煤炭过剩产能,着力调整产业结构和优化布局,着力推进清洁高效低碳发展,着力加强科技创新,着力深化体制机制改革,努力建设集约、安全、高效、绿色的现代煤炭工业体系,实现煤炭工业由大到强的历史跨越。煤炭工业发展的基本原则:坚持深化改革与科技创新相结合,推动创新发展。理顺煤炭管理体制,完善煤炭税费体系,健全煤矿退出机制,深化国有企业改革,营造公平竞争、优胜劣汰的市场环境,增强企业发展的内生动力、活力和创造力。强化科技创新引领作用,加强基础研究、关键技术攻关、先进适用技术推广和科技示范工程建设,推动现代信息技术与煤炭产业深度融合发展，提高煤炭行业发展质量和效益。坚持优化布局与结构升级相结合，推动协调发展。依据能源发展战略和主体功能区战略，优化煤炭发展布局，加快煤炭开发战略西移步伐，强化大型煤炭基地、大型骨干企业集团、大型现代化煤矿的主体作用，促进煤炭集约协调发展。统筹把握化解过剩产能与保障长期稳定供应的关系，科学运用市场机制、经济手段和法治办法，大力化解过剩产能，严格控制煤炭总量；积极培育先进产能，提升煤炭有效供给能力，确保产能与需求基本平衡，促进结构调整和优化升级。坚持绿色开发与清洁利用相结合，推动绿色发展。以生态文明理念引领煤炭工业发展，将生态环境约束转变为煤炭绿色持续发展的推动力，从煤炭开发、转化、利用各环节着手，强化全产业链统筹衔接，加强引导和监管，推进煤炭安全绿色开发，促进清洁高效利用，加快煤炭由单一燃料向原料和燃料并重转变，推动高碳能源低碳发展，最大限度减轻煤炭开发利用对生态环境的影响，实现与生态环境和谐发展。坚持立足国内与国际合作相结合，推动开放发展。坚持立足国内的能源战略，增强国内煤炭保障能力和供应质量，牢牢掌握能源安全主动权。统筹国际、国内两个大局，充分利用两个市场、两种资源，以"一带一路"建设为统领，遵循多元合作、互利共赢原则，稳步开展国际煤炭贸易，稳妥推进国际产能合作，增强全球煤炭资源配置能力，提升煤炭产业的国际竞争力。坚持以人为本与保障民生相结合，推动共享发展。坚持以人为本、生命至上理念，健全安全生产长效机制，深化煤矿灾害防治，加强职业健康监护，保障煤矿职工生命安全和身心健康。统筹做好化解过剩产能中的人员安置，加大政策资金支持力度，多渠道妥善安置煤矿职工，促进再就业和自主创业，完善困难职工帮扶体系，维护广大职工的合法权益。

煤炭工业发展的主要目标：到 2020 年，煤炭开发布局科学合理，供需基本平衡，大型煤炭基地、大型骨干企业集团、大型现代化煤矿主体地位更加突出，生产效率和企业效益明显提高，安全生产形势根本好转，安全绿色开发和清洁高效利用水平显著提升，职工生活质量改善，国际合作迈上新台阶，煤炭治理体系和治理能力实现现代化，基本建成集约、安全、高效、绿色的现代煤炭工业体系。按照集约发展要求，化解淘汰过剩落后产能 8 亿吨 / 年左右，通过减量置换和优化布局增加先进产能 5 亿吨 / 年左右，到 2020 年，煤炭产量 39 亿吨。煤炭生产结构优化，煤矿数量控制在 6000 处左右，120 万吨 / 年及以上大型煤矿产量占 80% 以上，30 万吨 / 年及以下小型煤矿产量占 10% 以下。煤炭生产开发进一步向大型煤炭基地集中，大型煤炭基地产量占 95% 以上。产业集中度进一步提高，煤炭企业数量 3000 家以内，5000 万吨级以上大型企业产量占 60% 以上。安全发展要求：煤矿安全生产长效机制进一步健全，安全保障能力显著提高，重特大事故得到有效遏制，煤矿事故死亡人数下降 15% 以上，百万吨死亡率下降 15% 以上。煤矿职业病危害防治取得明显进展，煤矿职工健康状况显著改善。高效发展要求：煤矿采煤机械化程度达到 85%，掘进机械化程度达到 65%。科技创新对行业发展贡献率进一步提高，煤矿信息化、智能化建设取得新进展，建成一批先进高效的智慧煤矿。煤炭企业生产效率大幅提升，全员劳动工效达到 1300 吨 /（人·年）以上。绿色发展要求：生态文明矿区建设取得积极进展，最大程度减轻煤炭生产开发对环境的影响。资源综合利用水平提升，煤层气（煤矿瓦斯）产量 240 亿立方米，利用量 160 亿立方米；煤矸石综合利用率 75% 左右，矿井水利用率 80% 左右，土地复垦率 60% 左右。原煤入选率 75% 以上，煤炭产品质量显著提高，清洁煤电加快发展，煤炭深加工产业示范取得积极进展，煤炭清洁利用水平迈上新台阶。

(3) 精细化工

20世纪70年代开始，发达国家就相继将化学工业发展的战略重点转移到了精细化工，90年代之后全球精细化工迅猛发展；进入21世纪，精细化工形成了产业集群，产品日益专业化和多样化，新工艺的开发受到了广泛重视。目前，世界精细化工品商业化品种已超过10万种。中国精细化工业起步于20世纪50年代，初步发展于80年代，90年代以后进入快速发展期。我国自20世纪80年代确定精细化工为重点发展目标以来，在政策上予以倾斜，发展较快。当时，一部分民营企业开始生产比较简单的初级中间体。随着国内生产技术的进步、原材料和资金供应状况的改善，从90年代开始，部分企业已经有能力生产技术要求较高、分子结构复杂的高级中间体，甚至化学原料药等。进入21世纪以来，国内精细化工业进入了新的发展时期，涌现了一大批规模企业，竞争能力大幅度提高，成为全球精细化工产业最具活力、发展最快的市场。据统计，21世纪初期，欧美等发达国家的精细化工率已达到70%左右。目前，我国精细化工率在48%左右，与发达国家存在较大的差距，整个精细化工行业处于成长期，还有很大的发展空间。"十二五"期间，化工行业的精细化率提高。以前我国的精细化率基本上在30%~35%之间，我国精细化工行业在"十二五"期间实现了快速增长，各地化工行业精细化率达45%~60%以上，2010—2015年，精细化工的年平均增长率维持在3个百分点左右。

加强精细化工行业的产品结构调整：我国化工产品在"十二五"期间进行了产品结构调整，非金属功能材料如氟硅材料、功能型膜材料等产品得到了重点发展，电子化学品、环保型塑料的添加剂、食品和饲料添加剂等性价比高而且不产生环境污染的新型专用类化学品也得到了重点关注，逐步实现由低端的基础型产品向功能性强的中高端精细化工产品过度，高端产品不断涌现。目前在农药、染料、涂料等传统领域，已形成了一个较为完整的工业体系，产品的生产工艺、生产设备、技术含量都取得了很大的进步，产品产量逐年提高，产品品质也取得了较大的改善。产业集中度提高。全国已经成立了175家精细化工产业集群、24家重点对外开放的产业聚集区、33家循环经济示范产业聚集区，并建立了配套的产业群公共服务平台。产值逐步提高，2013年精细化工行业工业总产值已达2.95万亿元，2014年达4.17万亿元，预计2017—2018年可达7万亿元。随着科技创新水平不断提高，对外技术合作也在有序进行，目前完成了和西班牙、美国、俄罗斯等国外精细化工企业的技术合作，填补了国内精细化工行业的部分空白，提高了已有产品的品质和产量。两化融合程度不断深入。"十二五"时期，石化行业推进两化的融合，取得了巨大进步，用信息化技术提高了企业管理水平、企业的研发和设计实现了协同化、经营管控实现了一体化、生产设备基本用数字化进行操控、生产过程也更加智能化。

精细化工行业存在的问题主要有：产品品质低、附加值低，在发达国家，精细化工所占比例非常大，已达60%以上，相较于发达国家，我国精细化工行业由于起步较缓慢，发展时间有限，虽然取得了一系列显著的成就，但其整体的发展水平依然比较低，部分精细化工产品与国际发达国家在技术水平方面仍有较大的差距，特别是在高科技产业领域显得尤为突出。总的来说，我国精细化工产品主要为低档次产品，且产品产量较大，积压浪费现象较为严重，整体附加值也不高。未实现规模化生产、技术含量低、创新不足，我国精细化工的生产的技术含量整体较低，仍有待提升完善。目前尚有一部分企业仍以手工操作为主，难以规模化生产，不利于实现资源集约化，目前仅有少数企业实现了 DCS 生产控制。我国精细化工整体创新程度不够，在超高温和超临界领域涉猎较少，没有企业真正做到带领行业创新，由于发达国家的技术管制，目前一些高技术产品较多依赖国家科研机构或国外技术同行的合作或授权，挤压了原本附加值较低的低档产品的利润，使得企业无力承担独立研发的成本，即使有自己的科研机构，在实际的技术和产品研发过程中自我开发能力相对非常弱，很少有完全自主研发的产品推向市场，造成创新能力不足的恶性循环。生产过程污染严重。环境污染也是制约我国精细化工发展的因素。在过去以及现在多数的精细化工产品生产中资源的浪费、环境的污染的现象都非常严重，这严重制约着整个精细化工行业的可持续发展，因此必须实行绿色精细化工生产才能为今后生态可持续发展奠定基础。

"十三五"时期精细化工行业发展策略：提升优势产品的品质，改进优势产品，提高其技术含量和整体的产品品质才能扭转这种弱势局面。在世界染料和涂料行业，我国精细化工占据领先地位，因此要重点对染料行业进行产品结构调整，提高高档染料产品在整个染料产品中的比重，其中对媒介染料和络合染料要给予重点关注和发展，把握市场的导向，开发天然染料，用高新技术武装染料行业，提高产品档次，用染料产品发展带动其他产品的进步。向规模化、高科技创新方向发展：精细化工要向规模化、集团化发展，必须重点提升和发展现有化工技术。在发达国家，精细化工已经成为化工行业主要的利润来源和经济增长点，比重已超过传统化工，在瑞士这一比例已达 95%。为了将来在精细化工领域不再依赖国外技术，我国的精细化工行业必须向集团化、规模化发展，在资金、技术、资源等领域实现共享，从而提高精细化工行业的整体产品品质，赢得精细化工市场份额。精细化工将与纳米技术、生物技术、生命科学、海洋开发、新能源等领域实现紧密合作，取得关键的技术积累，这样才可以在新时期为我国精细化工产业的技术发展找到新的突破口。向绿色精细化工方向发展，采用绿色化工技术，以促进行业持续稳定长久发展。采用无毒无害无污染的化学工艺有机合成原料，特别是可再生的生物质资源的利用。采用绿色化技术包括采用无污染催化剂的绿色催化技术、环保的电化学合成技术、生产过程不产生废水、废气、废渣的计算机分子技术。

（4）农药行业

中国农药工业协会《农药工业"十三五"发展规划》提出：农药是重要的农业生产资料，对防治有害生物，应对爆发性病虫草鼠害，保障农业增产以及粮食和食品安全起着非常重要的作用。同时，农药还用于林业、工业、交通等国民经济部门，对维护相关产业的正常运行发挥日益重要的作用。目前我国 90% 的农药用于农业生产，非农业用途农药占 10% 左右。我国农药工业经过多年的发展，现已形成了包括科研开发、原药生产和制剂加工、原材料及中间体配套的较为完整的产业体系，到 2015 年年底，获得农药生产资质的企业有近 2000 家，其中原药生产企业 500 多家，全行业从业人员 16 万人。据国家统计局公布的数字，2015 年全国农药产量达到 374.1 万吨，可生产 500 多个品种，常年生产 300 多个品种。2015 年农药工业主营业务收入 3107.2 亿元，实现利润 225.6 亿元。2011—2015 年，我国农药销售收入年均递增 17%，利润年均递增 23.9%。

农药工业发展主要成就有：产业布局更趋集中，我国农药生产企业主要分布在江苏、山东、河南、河北、浙江等省，这五省的农药工业产值占全国的 68% 以上，农药销售收入超过 10 亿元的农药企业有 28 家在上述地区，销售收入在 5 亿～10 亿元的农药生产企业也大多集中在这一地区。农药产业集聚取得初步成果，在江苏如东等地建设的农药工业产业园已初具规模，目前进入园区的农药生产企业 257 家，占全国原药生产企业的 46%。企业规模不断扩大，在国家法规政策和市场机制的双重作用下，农药企业兼并重组、股份制改造的步伐提速，行业外资本的进入加快了企业规模壮大的进程。例如中国中化集团公司、中化国际（控股）股份有限公司和中国化工集团公司先后进入农药领域，收购或控股一批优势农药企业。2010 年我国销售额超过 10 亿元的农药生产企业有 10 家，2015 年农药销售额超过 10 亿元的农药企业集团已达到 40 家。目前已有超过 30 家涉及农药领域的上市公司，农药企业上市势头正在加大。产品结构更趋合理："十二五"期间，我国继续实施农药产品结构调整，进一步提高了对农业生产需求的满足度。杀虫剂所占比重逐年下降，杀菌剂和除草剂所占比重有所提高。2015 年我国农药产量为 374.1 万吨，杀虫剂、杀菌剂和除草剂产量占农药总产量的比例分别为 21%、7% 和 72%，农药产品中，高效、安全、环境友好型新品种、新制剂所占比例也得到了明显的提升。杀虫剂产品不断优化。在"十二五"期间，国家继续加大新品种开发和产业化力度，重点支持高效、安全、环境友好新品种的开发和产业化进度，一批新烟碱类、拟除虫菊酯类、杂环类等高效、安全、环境友好的杀虫剂得到进一步发展，市场占有率超过 97%。杀菌剂产品不断更新。近 10 年来，杀菌剂的品种发生了较大变化，效果更好、残留更低的杂环类、三唑类和甲氧基丙烯酸酯类杀菌剂品种得到快速发展，已经成为我国杀菌剂的骨干品种，在杀菌剂市场中的覆盖面已经超过 70%。农药出口结构得到改善，长期以来，农药出口以低附加值的原药产品为主，近年来高附加值农药制剂产品的出口量增加较多，已经超过原药出口量，并开始进入欧美等高端市场。2015 年原药出口量为 54.56 万吨，制剂出口量达到 96.38 万吨。2015 年农药产品进出口总额达 42.96 亿美元，其中出口金额达 35.5 亿美元，进口金额为 7.5 亿美元，实现贸易顺差 27.97 亿美元。技术创新取得一定成绩，在国家、地方和企业的共同努力下，充分发挥产学研结合的协同作用，应用组合化学等高新技术方法，创制了一批具有自主知识产权的农药新品种并取得了国内外专利，30 个创制品种进入了国内外市场，累计推广面积 3 亿亩以上，部分产品的销售额超过 2 亿元，"十二五"期间累计收入达到 10 亿元以上。此外，主导品种和中间体绿色生产工艺开发、生产装备的集成化和大型化、工艺控制自动化、水基型剂型加工技术等共性关键技术已成功应用于农药工业化生产，促进了产业结构和产品结构调整。

农药行业存在的主要问题：企业规模小，竞争力弱，我国现有农药原药生产企业 500 多家，企业多、小、散的问题仍未根本解决，农药行业至今尚没有具有国际竞争能力的龙头企业。2015 年总销售额超过 10 亿元人民币的企业 40 家，全国 2000 家企业中，销售额 1 亿元及以下的企业多达 1800 余家。前 10 家农药企业销售收入占全行业的比例 9.2%，前二十位为 14.8%。而 2014 年世界前六位跨国公司的销售额占世界总销售额的 76.5%。自主创新能力弱，技术装备水平低，由于企业规模小、实力弱，不能支持高风险、高投入、长周期的农药自主创新。绝大多数企业研发投入占销售收入的比例不到 1%，国外创新型农药公司研发投入占销售额的比例平均为 10% 以上。跨国公司农药生产实现了连续化、自动化，设备大型化，我国只有少数企业在个别产品生产中实现了连续化、自动化，大多数企业仍然采用工艺参数集中显示、就地或手动遥控，产能的增加也大多依靠增加生产线或部分设备的调整。

产品结构尚需进一步调整：经过多年的努力，高毒农药的取代取得了巨大成绩，个别品种因农业生产需求以及没有好的替代品种仍在少量使用。特殊用途杀菌剂相对较少。我国目前可生产 500 多种原药，常年生产 300 品种，杀菌剂仅占 6.1%，特别是用于水果、蔬菜等高附加值经济作物的杀菌剂品种较少。部分品种产能严重过剩，产品同质化现象突出。我国农药生产目前仍以过专利期品种为主，部分大宗、热点品种产能过剩，多家企业生产同一个品种，产品同质化现象突出。剂型结构不合理，农药助剂开发滞后。我国可生产农药剂型 120 多种，制剂超过 3000 种，大部分原药只能加工 5~7 种制剂，而发达国家一个农药品种可加工成为十几种，甚至几十种制剂，其中绝大多数是水基化制剂或固体制剂。农药助剂尚不能满足剂型开发要求。我国农药助剂大多借助其他行业已有的品种，缺乏水基化、微囊剂、缓控释等新型制剂的专用助剂。特殊污染物缺乏有效处理手段，农药原药生产工艺过程较长、原料种类多，副反应和副产品多，废水含盐高、难降解有机污染物浓度高，一些特殊污染因子缺乏有效的处理手段。

农药工业面临的形势：1970—1994 年的 20 多年间，世界农药销售额激增 10 倍，但自 1995 年以后，由于环境生态和健康安全的压力越来越大，农药研究开发的费用激增，农药新品种问世的步子放慢，再加上转基因作物的迅猛发展冲击了常规农药市场，世界农药销售额增长缓慢。1998—2007 年全球农药销售额年均增长率仅 0.9%。近年，杀虫剂销售平稳，除草剂略有增加，杀菌剂有较大增长。世界农药产品总的发展趋势是开发高活性、高安全性、高效益和环境友好的品种。跨国农药公司推动农药生产集约化，由于农药的开发具有高回报、高风险、高投入和长周期等特点，实力较弱的公司不能承担这样高的风险和投入。因此，近年来世界农药公司之间围绕"生命科学"这一领域进行了一系列的资产重组，通过兼并、合并，成立了新的农药公司，使得农药生产更加集中，垄断性更强，也更有实力进行新农药开发。目前，销售额超过 30 亿美元的是六大农药公司，其销售额从 2011 年的 367.2 亿美元增加到 2014 年的 433.7 亿美元，占全球总额的 76.5%。世界农药开发主要集中在北美和西欧，六大公司全部在这两个地区，其中美国 3 个、德国 2 个、英国/瑞士 1 个。

生物工程技术的影响日益增强：20 世纪 80 年代末，生物工程技术在农业生产中的应用取得了突破性的进展，已经有数百种转基因作物取得了登记。目前，除单一性状的转基因作物之外，复合性状的转基因作物已经超过前者。跨国公司加大投资，自己开发或收购种子公司，开发出一批各种性状的转基因作物。全球转基因作物的播种面积由 2010 年的 14800 万公顷增加到 2015 年的 17970 万公顷，增长了 21.4%。农业生物技术对世界农药市场的影响日益加大，特别是对化学除草剂、杀虫杀螨剂的影响更大。跨国公司发展战略作出重大调整，在经济全球化发展的大趋势下，跨国公司从充分利用全球自然、人力和环境资源的角度出发，调整总体发展策略，优化资源配置。跨公司国公司主要掌握科研开发和市场开发，而在其他国家生产和采购。近年来，跨国公司在我国主要采取的策略是：过专利期品种采用定制的方法，专利期内品种采用专利授权，进行最后 2~3 步合成的方法获取新产品。

随着新型工业化、信息化、城镇化、农业现代化同步推进，农业和其他相关行业对农药提出了新的需求，人民群众对食品安全的关注度日益提高。我国经济发展进入新常态，农药行业与其他行业一样面临新挑战。资源和环境约束不断强化，劳动力等生产要素成本不断上升，农药行业的调整结构、转型升级、提质增效刻不容缓。随着国民经济发展和人民生活水平提高，食品需求多样化，水果、蔬菜等高附加值经济作物产量快速增长。国家加大对"三农"的支持力度，农业和农村经济发展提速，耕作制度的改变和农业生产技术的提高，土地流转政策的实施，以及林业、城市绿化、家居卫生、交通运输等领域的快速发展，促进了我国农药向高效、安全、经济和环境友好的方向发展。随着人们环境意识的不断提高，新环保法律法规的颁布和实施对环境保护的要求越来越严格，对农药生产过程中"三废"排放监管力度加大，推进农药行业加大开发污染物处理技术的力度，更加注重环境保护。为保护环境和提高土地质量，农业部提出到2020年化肥、农药使用"零增长"，对农药新品种、新剂型的开发以及指导农民科学用药提出了更高的要求。我国发展农药行业的指导思想是：坚持走中国特色新型工业化道路，以促进制造业创新发展为主题，以提质增效为中心，进一步调整产业布局和产品结构，推动技术创新和产业转型升级，减少环境污染，转变农药工业的发展方式，促进农药工业的持续稳定健康发展，满足农业生产需求，增强粮食安全的保障能力，提高农药工业的国际竞争力。发展农药行业的基本原则是：推进农药产业结构调整，市场主导，政府引导，充分发挥市场在资源配置中的决定性作用，强化企业主体地位，鼓励通过兼并、重组、股份制改造等，实现企业大型化。实施农药产品结构调整，加大农药科研开发投入，提高自主创新能力，发展高效、安全、经济和环境友好的新品种、开发新助剂和新剂型，支持生物农药发展，积极开拓非农业用农药市场。优化区域布局，促进农药原药生产向工业园区转移，优化资源配置。加大技术改造力度，提高技术装备水平，加大环保投入，开发推广先进适用的清洁生产工艺和"三废"处理技术，减少污染物排放量。加大农药技术创新投入，提高自主创新能力，围绕产业链构建创新链，围绕创新链配置资源链，加强关键共性技术攻关，加速科技成果产业化，提高关键环节的创新能力。进一步完善农药创制体系，加强具有自主知识产权农药创制品种的市场开发。我国农药行业的发展目标是：农药原药生产进一步集中，到2020年，农药原药企业数量减少30%，其中销售额在50亿元以上的农药生产企业5个，销售额在20亿元以上的农药生产企业有30个。国内排名前20位的农药企业集团的销售额达到全国总销售额的70%以上。建成3~5个生产企业集中的农药生产专业园区，到2020年，力争进入化工集中区的农药原药企业达到全国农药原药企业总数的80%以上。培育2~3个销售额超过100亿元、具有国际竞争力的大型企业集团。产品发展目标是优化产品结构，提高产品质量。产品结构更趋合理，提高对农业生产的满足度。高效、安全、经济和环境友好的新品种占据国内农药市场的主导地位。主要产品质量达到国际先进水平。全面提高行业自主创新能力，完善以企业为主体、市场为导向、政产学研用相结合的创新体系，加速创制品种的产业化进程、加强创制品种的市场开发。支持有条件的企业（集团）建立和完善GLP体系及通过相关国际互认。农药创制品种累计达70个以上，国内排名前十位的农药企业建立较完善的创新体系和与之配套的知识产权管理体系，创新研发费用达到企业销售收入的5%以上；农药全行业的研发投入占到销售收入的3%以上。农药行业整体技术水平将有较大提高，大型企业主导产品的生产将实现连续化、自动化；制剂加工、包装全部实现自动化控制；大宗原药产品的生产实现生产自动化控制和装备大型化。新开发品种的技术指标将达到国际先进水平；环境友好型制剂将成为我国农药制剂的主导剂型。特殊污染物处理技术进一步提高和完善，"三废"排放量减少50%。农药产品收率提高5%，副产物资源化利用率提高50%，农药废弃物处置率达到50%。

（5）环保行业

国务院《"十三五"生态环境保护规划》提出："十二五"以来，生态文明建设上升为国家战略，国家出台《生态文明体制改革总体方案》，实施大气、水、土壤污染防治行动计划。把发展观、执政观、自然观内在统一起来，融入执政理念、发展理念中，生态环境质量有所改善，酸雨区占国土面积比例由历史高峰值的30%左右降至7.6%，大江大河干流水质明显改善。全国森林覆盖率提高至21.66%，森林蓄积量达到151.4亿立方米，草原综合植被盖度54%。建成自然保护区2740个，占陆地国土面积14.8%，超过90%的陆地自然生态系统类型、89%的国家重点保护野生动植物种类以及大多数重要自然遗迹在自然保护区内得到保护，荒漠化和沙化状况连续三个监测周期实现面积"双缩减"。2015年，全国脱硫、脱硝机组容量占煤电总装机容量比例分别提高到99%、92%，完成煤电机组超低排放改造1.6亿千瓦。全国城市污水处理率提高到92%，城市建成区生活垃圾无害化处理率达到94.1%。7.2万个村庄实施环境综合整治，铅、汞、镉、铬、砷五种重金属污染物排放量比2007年下降27.7%。但是，我国化学需氧量、二氧化硫等主要污染物排放量仍然处于2000万吨左右的高位，环境承载能力超过或接近上限。78.4%的城市空气质量未达标，公众反映强烈的重度及以上污染天数比例占3.2%，部分地区冬季空气重污染频发高发。饮用水水源安全保障水平亟须提升，排污布局与水环境承载能力不匹配，城市建成区黑臭水体大量存在，湖库富营养化问题依然突出，部分流域水体污染依然较重。全国土壤点位超标率16.1%，耕地土壤点位超标率19.4%，工矿废弃地土壤污染问题突出，治理和改善任务艰巨。

"十三五"期间，以提高环境质量为核心，实施最严格的环境保护制度，打好大气、水、土壤污染防治三大战役，加强生态保护与修复，严密防控生态环境风险，加快推进生态环境领域国家治理体系和治理能力现代化，不断提高生态环境管理系统化、科学化、法治化、精细化、信息化水平，坚持绿色发展、标本兼治。绿色发展是从源头破解我国资源环境约束瓶颈、提高发展质量的关键。要创新调控方式，强化源头管理，以生态空间管控引导构建绿色发展格局，以生态环境保护推进供给侧结构性改革，以绿色科技创新引领生态环境治理，促进重点区域绿色、协调发展，加快形成节约资源和保护环境的空间布局、产业结构和生产生活方式，从源头保护生态环境。全面落实主体功能区规划。强化主体功能区在国土空间开发保护中的基础作用，推动形成主体功能区布局。依据不同区域主体功能定位，制定差异化的生态环境目标、治理保护措施和考核评价要求。禁止开发区域实施强制性生态环境保护，严格控制人为因素对自然生态和自然文化遗产原真性、完整性的干扰，严禁不符合主体功能定位的各类开发活动，引导人口逐步有序转移。限制开发的重点生态功能区开发强度得到有效控制，形成环境友好型的产业结构，保持并提高生态产品供给能力，增强生态系统服务功能。限制开发的农产品主产区着力保护耕地土壤环境，确保农产品供给和质量安全。重点开发区域加强环境管理与治理，大幅降低污染物排放强度，减少工业化、城镇化对生态环境的影响，改善人居环境，努力提高环境质量。优化开发区域，引导城市集约紧凑、绿色低碳发展，扩大绿色生态空间，优化生态系统格局。实施海洋主体功能区规划，优化海洋资源开发格局。促进四大区域绿色协调发展。西部地区要坚持生态优先，强化生态环境保护，提升生态安全屏障功能，建设生态产品供给区，合理开发石油、煤炭、天然气等战略性资源和生态旅游、农畜产品等特色资源。东北地区要加强大小兴安岭、长白山等森林生态系统保护和北方防沙带建设，强化东北平原湿地和农用地土壤环境保护，推动老工业基地振兴。中部地区要以资源环境承载能力为基础，有序承接产业转移，推进鄱阳湖、洞庭湖生态经济区和汉江、淮河生态经济带建设，研究建设一批流域沿岸及交通通道沿线的生态走廊，加强水环境保护和治理。东部地区要扩大生态空间，提高环境资源利用效率，加快推动产业升级，在生态环境质量改善等方面走在前列。强化环境硬约束推动淘汰落后和过剩产能。建立重污染产能退出和过剩产能化解机制，对长期超标排放的企业、无治理能力且无治理意愿的企业、达标无望的企业，依法予以关闭淘汰。修订完善环境保护综合名录，推动淘汰高污染、高环境风险的工艺、设备与产品。鼓励各地制定范围更宽、标准更高的落后产能淘汰政策，京津冀地区要加大对不能实现达标排放的钢铁等过剩产能淘汰力度。依据区域资源环境承载能力，确定各地区造纸、制革、印染、焦化、炼硫、炼砷、炼油、电镀、农药等行业规模限值。实行新（改、扩）建项目重点污染物排放等量或减量置换。调整优化产业结构，煤炭、钢铁、水泥、平板玻璃等产能过剩行业实行产能等量或减量置换。严格环保能耗要求，促进企业加快升级改造。实施能耗总量和强度"双控"行动，全面推进工业、建筑、交通运输、公共机构等重点领域节能。严格新建项目节能评估审查，加强工业节能监察，强化全过程节能监管。钢铁、有色金属、化工、建材、轻工、纺织等传统制造业全面实施电机、变压器等能效提升，清洁生产、节水治污、循环利用等专项技术改造，实施系统能效提升、燃煤锅炉节能环保综合提升、绿色照明、余热暖民等节能重点工程。支持企业增强绿色精益制造能力，推动工业园区和企业应用分布式能源。促进绿色制造和绿色产品生产供给。从设计、原料、生产、采购、物流、回收等全流程强化产品全生命周期绿色管理。支持企业推行绿色设计，开发绿色产品，完善绿色包装标准体系，推动包装减量化、无害化和材料回收利用。建设绿色工厂，发展绿色工业园区，打造绿色供应链，开展绿色评价和绿色制造工艺推广行动，全面推进绿色制造体系建设。增强绿色供给能力，整合环保、节能、节水、循环、低碳、再生、有机等产品认证，建立统一的绿色产品标准、认证、标识体系。发展生态农业和有机农业，加快有机食品基地建设和产业发展，增加有机产品供给。到2020年，创建百家绿色设计示范企业、百家绿色示范园区、千家绿色示范工厂，绿色制造体系基本建立。绿色富国、绿色惠民，处理好发展和保护的关系，协同推进新型工业化、城镇化、信息化、农业现代化与绿色化。坚持立足当前与着眼长远相结合，加强生态环境保护与稳增长、调结构、惠民生、防风险相结合，强化源头防控，推进供给侧结构性改革，优化空间布局，推动形成绿色生产和绿色生活方式，从源头预防生态破坏和环境污染，加大生态环境治理力度，促进人与自然和谐发展，为人民提供更多优质生态产品，为实现"两个一百年"奋斗目标和中华民族伟大复兴的中国梦作出贡献。

（6）中医药

国务院新闻办公室《中国的中医药》白皮书指出：中医药作为中华文明的杰出代表，是中国各族人民在几千年生产生活实践和与疾病作斗争中逐步形成并不断丰富发展的医学科学，不仅为中华民族繁衍昌盛作出了卓越贡献，也对世界文明进步产生了积极影响。在远古时代，中华民族的祖先发现了一些动植物可以解除病痛，积累了一些用药知识。随着人类的进化，人们开始有目的地寻找防治疾病的药物和方法，所谓"神农尝百草""药食同源"，就是当时的真实写照。夏代（约公元前2070—公元前1600年）酒和商代（公元前1600—公元前1046年）汤液的发明，为提高用药效果提供了帮助。进入西周时期（公元前1046—公元前771年），开始有了食医、疾医、疡医、兽医的分工。春秋战国（公元前770—公元前221年）时期，扁鹊总结前人经验，提出"望、闻、问、切"四诊合参的方法，奠定了中医临床诊断和治疗的基础。秦汉时期（公元前221—220年）的中医典籍《黄帝内经》，系统论述了人的生理、病理、疾病以及"治未病"和疾病治疗的原则及方法，确立了中医学的思维模式，标志着从单纯的临床经验积累发展到了系统理论总结阶段，形成了中医药理论体系框架。东汉时期，张仲景的《伤寒杂病论》，提出了外感热病（包括瘟疫等传染病）的诊治原则和方法，论述了内伤杂病的病因、病证、诊法、治疗、预防等辨证规律和原则，确立了辨证论治的理论和方法体系。同时期的《神农本草经》，概括论述了君臣佐使、七情合和、四气五味等药物配伍和药性理论，对于合理处方、安全用药、提高疗效具有十分重要的指导作用，为中药学理论体系的形成与发展奠定了基础。东汉末年，华佗创制了麻醉剂"麻沸散"，开创了麻醉药用于外科手术的先河。西晋时期（265—317年），皇甫谧的《针灸甲乙经》，系统论述了有关脏腑、经络等理论，初步形成了经络、针灸理论。唐代（618—907年），孙思邈提出的"大医精诚"，体现了中医对医道精微、心怀至诚、言行诚谨的追求，是中华民族高尚的道德情操和卓越的文明智慧在中医药中的集中体现，是中医药文化的核心价值理念。明代（1368—1644年），李时珍的《本草纲目》，在世界上首次对药用植物进行了科学分类，创新发展了中药学的理论和实践，是一部药物学和博物学巨著。清代（1644—1911年），叶天士的《瘟热论》提出了瘟病和时疫的防治原则及方法，形成了中医药防治瘟疫（传染病）的理论和实践体系。

在数千年的发展过程中，中医药不断吸收和融合各个时期先进的科学技术和人文思想，不断创新发展，理论体系日趋完善，技术方法更加丰富，形成了鲜明的特点。第一，重视整体。中医认为人与自然、人与社会是一个相互联系、不可分割的统一体，人体内部也是一个有机的整体。重视自然环境和社会环境对健康与疾病的影响，认为精神与形体密不可分，强调生理和心理的协同关系，重视生理与心理在健康与疾病中的相互影响。第二，注重"平"与"和"。中医强调和谐对健康具有重要作用，认为人的健康在于各脏腑功能和谐协调，情志表达适度中和，并能顺应不同环境的变化，其根本在于阴阳的动态平衡。疾病的发生，其根本是在内、外因素作用下，人的整体功能失去动态平衡。维护健康就是维护人的整体功能动态平衡，治疗疾病就是使失去动态平衡的整体功能恢复到协调与和谐状态。第三，强调个体化。中医诊疗强调因人、因时、因地制宜，体现为"辨证论治"。"辨证"，就是将四诊（望、闻、问、切）所采集的症状、体征等个体信息，通过分析、综合，判断为某种证候。"论治"，就是根据辨证结果确定相应治疗方法。中医诊疗着眼于"病的人"而不仅是"人的病",着眼于调整致病因子作用于人体后整体功能失调的状态。第四,突出"治未病"。中医"治未病"核心体现在"预防为主",重在"未病先防、既病防变、瘥后防复"。中医强调生活方式和健康有着密切关系,主张以养生为要务,认为可通过情志调摄、劳逸适度、膳食合理、起居有常等,也可根据不同体质或状态给予适当干预,以养神健体,培育正气,提高抗邪能力,从而达到保健和防病作用。第五,使用简便。中医诊断主要由医生自主通过望、闻、问、切等方法收集患者资料,不依赖于各种复杂的仪器设备。中医干预既有药物,也有针灸、推拿、拔罐、刮痧等非药物疗法。许多非药物疗法不需要复杂器具,其所需器具(如小夹板、刮痧板、火罐等)往往可以就地取材,易于推广使用。

中医药作为中华民族原创的医学科学,从宏观、系统、整体角度揭示人的健康和疾病的发生发展规律,体现了中华民族的认知方式,深深地融入民众的生产生活实践中,形成了独具特色的健康文化和实践,成为人们治病祛疾、强身健体、延年益寿的重要手段,维护着民众健康。从历史上看,中华民族屡经天灾、战乱和瘟疫,却能一次次转危为安,人口不断增加、文明得以传承,中医药作出了重大贡献。《本草纲目》被翻译成多种文字广为流传,达尔文称之为"中国古代的百科全书",《黄帝内经》和《本草纲目》入选《世界记忆名录》。针灸的神奇疗效引发全球持续的"针灸热","中医针灸"列入联合国教科文组织人类非物质文化遗产代表作名录。

截至 2015 年年底,全国有中医类医院 3966 所,其中民族医医院 253 所,中西医结合医院 446 所。中医类别执业(助理)医师 45.2 万人(含民族医医师、中西医结合医师)。中医类门诊部、诊所 42528 个,其中民族医门诊部、诊所 550 个,中西医结合门诊部、诊所 7706 个。2015 年,全国中医类医疗卫生机构总诊疗人次达 9.1 亿,全国中医类医疗卫生机构出院人数 2691.5 万人。全国有 2088 家通过药品生产质量管理规范(GMP)认证的制药企业生产中成药,中药已从丸、散、膏、丹等传统剂型,发展到现在的滴丸、片剂、膜剂、胶囊等 40 多种剂型,中药产品生产工艺水平有了很大提高,基本建立了以药材生产为基础、工业为主体、商业为纽带的现代中药产业体系。2015 年中药工业总产值 7866 亿元,占医药产业规模的 28.55%,成为新的经济增长点;中药材种植成为农村产业结构调整、生态环境改善、农民增收的重要举措;中药产品贸易额保持较快增长,2015 年中药出口额达 37.2 亿美元,显示出巨大的海外市场发展潜力。中药产业逐渐成为国民经济与社会发展中具有独特优势和广阔市场前景的战略性产业。中医药除在常见病、多发病、疑难杂症的防治中贡献力量外,在重大疫情防治和突发公共事件医疗救治中也发挥了重要作用。中医、中西医结合治疗传染性非典型肺炎,疗效得到世界卫生组织肯定。中医治疗甲型 H1N1 流感,取得良好效果,成果引起国际社会关注。同时,中医药在防治艾滋病、手足口病、人感染 H7N9 禽流感等传染病,以及四川汶川特大地震、甘肃舟曲特大泥石流等突发公共事件医疗救治中,都发挥了独特作用。中医药是中华优秀传统文化的重要组成部分和典型代表,强调"道法自然、天人合一""阴阳平衡、调和致中""以人为本、悬壶济世"体现了中华文化的内核。中医药还提倡"三因制宜、辨证论治""固本培元、壮筋续骨""大医精诚、仁心仁术",更丰富了中华文化内涵。中医药类项目已有 130 个入国家级非物质文化遗产代表性项目名录,到 2020 年,实现人人基本享有中医药服务;到 2030 年,中医药服务领域实现全覆盖。同时,积极推动中医药走向世界,促进中医药等传统医学与现代科学技术的有机结合，探索医疗卫生保健的新模式，服务于世界人民的健康福祉，开创人类社会更加美好的未来，为世界文明发展作出更大贡献。

（7）轻化工业

工业和信息化部发布的《轻工业发展规划（2016—2020年）》提出："十三五"期间要实施精品制造，以基础条件较好，具有一定品牌知名度和国际竞争力的企业为主体，实施精品制造工程。在皮革、日用陶瓷、日用玻璃、眼镜等行业推出一批科技含量高、附加值高、设计精美、制作精细、性能优越的精品。

行业主要发展方向是：日化工业要向质量安全、绿色环保方向发展。重点发展低挥发性有机物植物油基的胶印油墨，低气味、低迁移、低能的紫外光固化油墨，水性装潢类油墨，高附加值明胶产品，时尚新颖的蜡制品、蜡烛、火柴。提高日化产品生产的自动化程度。洗涤用品工业要向绿色安全、多功能方向发展。加强表面活性剂分子结构设计、高效催化剂制备、特殊关键设备设计等关键共性技术研发及应用。提高天然可再生原料的使用比例，突破可再生资源利用、绿色化制备及清洁生产、特殊功能品种制备等核心技术。重点发展低刺激、抗硬水、抗低温和具有柔顺、护理、抑菌、护色、清新等多种功能的高附加值产品。加强产品的专用化区分，加快液体化和浓缩化步伐，促进使用过程节水化。提升生产及包装设备的自动化、数字化及智能化程度。塑料制品工业要向功能化、轻量化、生态化、微型化方向发展。加快塑木共挤、废塑料高效分选高值化利用技术和完全生物降解地膜、水性聚氨酯合成革等产品技术研发及应用。重点发展应用于新能源、生物医药、信息等领域新产品，多功能、高性能塑料新材料及助剂。重点发展光学膜、新型柔性/液晶显示屏、高阻隔多层复合共挤薄膜等功能性膜材料及产品，高性能聚氯乙烯管材型材、大口径高强刚度塑料管道，生物基塑料，特种工程塑料及其高性能改性材料，高效污水处理、除尘用氟塑料及制品，三维（3D）打印塑料耗材等。大力发展超小型、超高精度、超高速、智能控制的塑料高端加工设备，加大对塑料加工设备精密化、智能化改造，加快高精度塑料检测设备及仪器研发及应用。皮革工业要向绿色、高品质、时尚化、个性化、服务化方向发展。推动少铬无铬鞣制技术、无氨少氨脱灰软化技术、废革屑污泥等固废资源化利用的研发与产业化。支持三维（3D）打印等新技术在产品研发设计中的应用。加快行业新型鞣剂、染整材料、高性能水性胶粘剂、横编织及无缝针车鞋面等皮革行业新材料发展。重点发展中高端鞋类和箱包等产品，以真皮标志和生态皮革为平台，培育国内外知名品牌。建立柔性供应链系统，发展基于脚型大数据的批量定制、个性化定制等智能制造模式，推进线上线下全渠道协调发展。电池工业要向绿色、安全、高性能、长寿命方向发展。加快锂离子电池高性能电极材料、电池隔膜、电解液、新型添加剂及先进系统集成技术，卷绕式、铅碳电池等新型铅蓄电池，双极性、非铅板栅等下一代铅蓄电池技术，燃料电池质子交换膜、代铂催化剂等关键材料的研发与产业化。重点发展新型一次电池、新型铅蓄电池、新能源汽车用动力电池和燃料电池，加快铅蓄电池企业按照《铅蓄电池行业规范条件（2015年本）》实施技术装备改造提升的进度。积极推动废旧铅蓄电池回收利用体系建设。陶瓷工业要向低能耗、自动化、信息化方向发展：推广日用陶瓷高效节能先进成型技术、快速烧成技术等新技术；重点发展资源消耗低的高档骨质瓷、高石英瓷、滑石瓷、高长石瓷和无重金属溶出的绿色日用陶瓷；增强企业的产品创新设计能力，提高产品附加值；加强艺术陶瓷传统工艺的继承和发展，重点发展艺术陶瓷精品；重点发展具有高强度、高硬度、耐高温、耐腐蚀、抗热震、耐金属熔浸等优异特性的高纯超细陶瓷粉体材料、高性能陶瓷热交换材料、高性能新型陶瓷膜材料、高品质日用陶瓷材料。加快低温配方体系研发，降低产品的烧成温度和能耗；提高废料回收利用，加强清洁化生产。日用玻璃工业要向节能、环保、轻量化方向发展；研发高精度玻璃模具以及玻璃瓶罐表面增强技术，推广玻璃瓶罐轻量化制造技术；重点发展棕色料啤酒瓶、中性药用玻璃、高硼硅耐热玻璃器具、高档玻璃器皿、水晶玻璃制品、玻璃艺术品、无铅晶质玻璃、特殊品种玻璃等高附加值产品。改善工艺条件，优选玻璃配方，采用微机控制系统和自动称量系统提高玻璃熔化质量；引进和开发高精度控制、高稳定性玻璃成型设备（制瓶机），采用小口压吹等技术，改善玻璃成型工艺；优化窑炉结构设计，降低玻璃熔化能耗和污染物排放。盐业要向安全、绿色、规范、集聚方向发展；重点是调整优化工业盐结构，丰富多品种食用盐。加强盐业法制化规范化管理，推进监管体系、流通体系、信用体系、储备体系、应急机制和追溯体系建设，保障食盐安全；引导企业建立现代企业制度，促进兼并重组，提高行业集中度和竞争力。口腔清洁护理用品工业要向安全、高效、健康方向发展。加强中草药牙膏原料、无氟防龋产品研发；重点发展添加具有明显功效的绿色环保成分和方便快捷的口腔清洁护理产品，增加满足青年人时尚清新和中老年人护龈与抗敏要求产品；注重产品原材料的安全控制，提高灌装、包装设备自动化程度，确保产品质量安全。

后 记

作者在十多年的长期教学过程中认识到，相关产业文化的内容是师生比较感兴趣的一部分。以往的教学教材大都采用知识点穿插、融合的办法，融入有关内容，但还缺乏一定的系统性和完整性。教学过程中选用的相关参考书有的失之于繁，不利于资料利用；有的过于简略；有的偏重理论，有的偏重于技术，也缺乏配套的专用教材。为了便于化工产业文化教育教学工作，作者在长期教学和校园文化建设、社团指导工作的基础上，开发了本教材。

本教材立足于"科学、技术与社会"角度，总结了此前参与和主持的教育部全国教育科学规划"十一五"教育部重点课题"职业教育校企合作中工业文化对接的研究与实验"子课题《职业教育与石化工业文化对接的研究与实验》、南京化工职业技术学院《范旭东侯德榜精神与校园文化建设研究》课题研究资料，以及作者所撰写和参与的《范旭东实业精神对高职教育的启示》《侯德榜科学精神对高职教育的启示》等论文成果，为教材开发提供了良好基础。

教材的编撰也是学校校园文化建设、精细化工教学资源库建设的需要。作者曾经参加了学校"仁爱、求真、笃行、拓新"校训的拟定，执笔撰写了校训释义，也参加了学校"永利""旭东"特色路名和"勤业、敬业、乐业、立业"等楼宇名称的拟定，在文化论坛建设方面，主持开展了两年一届、包括留学生在内的"范旭东侯德榜精神论坛"，使学生受到熏陶和感染。文化论坛活动成为学校和区域文化品牌活动之一，受到区域主流媒体《金陵晚报》的关注和报道。在文化展览设计方面，学校利用南化公司厂庆日、厂创始人诞辰日等特殊时点开展专题展览。2014 年在"远东第一大厂"南京硫酸铔厂 80 周年之际，开展"血路烽烟——范旭东生平事迹展"，受到所在区域文化管理部门的肯定。在此基础上，2019 年秋期开设了《化工产业文化》的选修课，成为开发本教材的直接驱动力。

本教材得益于作者主持以及所参与的 2016 年度江苏省社科应用研究精品工程课题《南京江北新区新兴产业发展与高技能人才培养研究》（16SRB-12）、2017 年度"江苏省社科应用研究精品工程"高校思想政治教育专项课题一般资助项目"新媒体语境中高校思政教育亲和力与针对性研究"（17SZB-13）、江苏省社科联 2019 年度江苏省社科应用研究精品工程资助项目《苏派职教视角下江苏特色高水平高职建设路径研究》（19SYB-109）等课题研究成果，得到江苏省人才工作领导小组办公室、江苏省哲学社会科学联合会联合资助，是教材得以出版的前提和基础，特此对省人才办、社科联的资助致以衷心感谢和崇高敬意。

作为一本教材，与研究性著作有着很大不同，教材建设需要广泛的、翔实的资料，不能自由发挥，而要忠于历史、适于现实，因此，本教材在撰写中参阅了大量的图书、论文和网络公开的信息，绝大部分在参考文献中一一注明，在此谨对原作者表示衷心感谢和崇高敬意。由于时间、条件等方面的限制，不足及疏漏之处在所难免，敬请读者批评指正。

高尚荣　杨小燕
2019 年 12 月

作者简介

高尚荣（1979— ），男，汉族，河南南阳人，2004年到南京科技职业学院（原南京化工职业技术学院）任教，先后担任教师、思政辅导员、人文社科部（马克思主义学院）副主任（主持工作）等职，现为学校发展规划处（高教研究所）副处长（副所长）（主持工作），先后担任《思想道德修养与法律基础》《形势与政策》《论语选读》《社会学》《化工产业文化》等必修与选修课程教育，撰写《中国重化工先驱范旭东的职工教育思想及启示》等论文50多篇，主持江苏省教育科学"十三五"规划2016年度叶圣陶教育思想研究专项课题《叶圣陶"人己一体"伦理思想与学生人格养成研究》（课题编号：YZ-c/2016/19），江苏省人才办、江苏省社科联2016年度江苏省社科应用研究精品工程（人才发展）资助项目《南京江北新区新兴产业发展与高技能人才培养研究》（项目编号16SRB-12），江苏省哲学社会科学界联合会2019年度江苏省社科应用研究精品工程一般资助项目"'苏派职教'视角下江苏特色高水平高职建设路径研究"（19SYB-109）等课题项目研究；出版《技术德性研究》（独撰）《小康社会的工农业建设》（合撰）专著2部，副主编及参编《职业生涯规划》《现代科学技术概论——大学生科学文化读本》教材2部，获得学校优秀教育工作者、百名人才培养对象、江苏省"青蓝工程"优秀青年骨干教师等荣誉称号。

杨小燕（1964— ），男，教授，江苏常州人，2004年从南化集团研究院调入南京化工职业技术学院（现南京科技职业学院），先后担任过化工系高分子教研室专任教师，化学工程系副主任，分管学生管理和科技管理，后在应用化学系担任副主任，分管科技工作，并在期间挂职六合区科技局副局长，2014年担任南京科技职业学院科技处处长，2017年以来担任南京科技职业学院化工与材料学院院长，具有化工总控工高级考评员职业资格，近五年来获得江苏省轻工协会科技进步二等奖，江苏省教育厅江苏省高校优秀科技创新团队，共青团中央、教育部等"挑战杯"大赛三等奖指导教师，江苏省团委、教育厅等"挑战杯"大赛一等奖指导教师等称号，担任国家级精品资源共享课《高分子材料成型加工技术》负责人、江苏省"十二五"重点专业群《高分子材料应用技术》负责人、江苏省环保厅重点项目主持人、江苏省师培中心高职教师紧缺领域创新平台主持人、教育部职业教育专业教学资源库《精细化工技术》主要执行人等工作。

参考文献

[1] 高尚荣. 新时代化工产业文化教育的内涵与途径 [J]. 化工职业技术教育，2019, 4: 52-54.

[2] 高尚荣. 试析新时期江苏精神的工业文化内涵 [J]. 四川省干部函授学院学报，2013, 1: 27-30.

[3] 高尚荣. 论高职院校创新文化的构建 [J]. 淮海工学院学报：人文社会科学版，2012, 23: 85-87.

[4] 高尚荣. 中国重化工先驱范旭东的职工教育思想及启示 [J]. 中国培训，2017, 6: 64.

[5] 高尚荣. 侯德榜科学精神对高职教育的启示 [J]. 今日财富（金融发展与监管），2011, 11: 204-208.

[6] 杨忠泰编著. 现代科学技术概论 [M]. 西安：西北大学出版社，2006.

[7] 文聘元著. 我想知道的西方科学 [M]. 上海：上海辞书出版社，2013.

[8] 郭保章著. 中国化学史 [M]. 南昌：江西教育出版社，2006.

[9] 容志毅. 中国古代木炭史说略 [J]. 广西民族大学学报：哲学社会科学版，2007, 7(4): 118-121.

[10] 吴永宽著. 煤炭 [M]. 北京：能源出版社，1984.

[11] 刘守仁，曾江华著. 中国煤文化 [M]. 北京：新华出版社，1993.

[12] 陈晴编著. 漆器 [M]. 沈阳：辽宁教育出版社，1999.

[13] 唐波主编. 走进化工世界 [M]. 济南：山东科学技术出版社，2013.

[14] 洪傲主编. 高考专业详细介绍与选择指导 [M]. 北京：北京理工大学出版社，2016.

[15] 秦浩正主编. 现代化工与金山的发展 [M]. 北京：世界图书出版公司，2006.

[16] 芮福宏主编. 百年化工铸就辉煌：化工教育读本 [M]. 天津：天津大学出版社，2009.

[17] 方高寿主编. 思想品德修养 [M]. 北京：化学工业出版社，1991.

[18] [美] 罗伯特·K. 默顿著. 优选法：社会理论和社会结构 [M]. 唐少杰等译. 北京：译林出版社，2015.

[19] 王炳山. 企业安全与社会责任 [M]. 北京：中国工人出版社，2008.

[20] [荷] 安德烈-斯坦科维茨，[荷] 雅各布-穆林编著. 化工装置的再设计：过程强化 [M]. 王广全，刘学军，陈金花译. 北京：国防工业出版社，2012.

[21] 赵德明编. 绿色化工与清洁生产导论 [M]. 杭州：浙江大学出版社，2013.

[22] 郑光洪主编. 印染概论 [M]. 北京：中国纺织出版社，2017.

[23] 李建峰主编. 企业管理实务 [M]. 北京：北京理工大学出版社，2016.

[24] 李停，崔木花主编. 产业经济学 [M]. 合肥：中国科学技术大学出版社，2017.

[25] 邬宪伟著. 选择教育：职业教育的一个新视角 [M]. 上海：上海教育出版社，2017.

[26] 中国标准化协会编. 新世纪中国标准化工作论坛. 北京：中国标准出版社，2002.

[27] 王慧珍. 石油化工储运的现状分析及发展方向 [J]. 大科技，2018, 12: 327-328.

[28] 汪凯中. 提升压力容器防腐性能的有效策略 [J]. 化工管理，2018, 17: 133-134.

[29] 陈志爱. 再谈化工储运企业的安全文化 [J]. 中国远洋航务，2004 (1): 62-63.

[30] 周胜保主编. 营销技巧概要 [M]. 长沙：湖南科学技术出版社，2006.

[31] 刘世英主编. 十大功勋人物：解读 10 位功勋人物的奇迹背后 [M]. 北京：中国铁道出版社，2013.

[32] 叶茂，朱文良等. 关于煤化工与石油化工的协调发展 [J]. 中国科学院院刊，2019, 4: 417-425.

[33] 徐敦楷著. 民国时期企业经营管理思想史 [M]. 武汉：武汉大学出版社，2014.

[34] 宋虎堂主编. 精细化工工艺实训技术 [M]. 天津：天津大学出版社，2008.

[35] 李文彬，佟妍主编. 精细化工生产技 [M]. 北京：中央广播电视大学出版社，2014.

[36] 李和平主编. 精细化工生产原理与技术 [M]. 郑州：河南科学技术出版社，1994.

[37] 王晓纯，吴晚云主编. 大学生 GE 阅读（第 10 辑）[M]. 北京：中国传媒大学出版社，2013.

[38] 沈玉龙，蔡明建编著. 绿色化学 [M]. 北京：中国环境出版社，2016.

[39] 姜廷午. 化学是社会文明的标志 [M]. 长春：吉林摄影出版社，2013.

[40] 白寿彝总主编. 王桧林，郭大钧，鲁振祥主编. 中国通史 [M]. 上海：上海人民出版社，2015.

[41] 沈祖炜主编. 近代中国企业：制度和发展 [M]. 上海：上海人民出版社，2014.

[42] 秦亢宗编著. 流金岁月. 上海名商百年史话 1843—1949[M]. 上海：东华大学出版社，2014.

[43] 刘旭阳. 我国精细化工行业现状和"十三五"发展规划 [J]. 化工管理，2016, 28: 154-155.

[44] 赵匡华. 中国化学史近现代卷 [M]. 桂林：广西教育出版社，2003.

[45] 孙健. 从观念到践行：社会主义核心价值观如何深入大众 [M]. 兰州：甘肃人民美术出版社，2014.

[46] 朱洪法主编. 生活化学品与健康 [M]. 北京：金盾出版社，2013.

[47] 黄炎培著. 蜀道 [M]. 第 4 版. 上海：开明书店，1948.

[48] 任继愈，赵匡华. 中国古代化学 [M]. 济南：山东教育出版社，1991.

[49] 季羡林. 糖史 [M]. 第 2 版. 南昌：江西教育出版社，2009.